高等院校计算机技术“十二五”规划教材

数据库技术实践教程

主　编　杨爱民
副主编　李兆祥

内容简介

本书是根据教育部制定的关于计算机科学与技术及相关专业学生的培养目标而编写的，以Oracle，SQL Server，Access大、中、小三种数据库为例，详细介绍各种数据库的用法、数据库访问语句SQL语言的用法，在此基础上又融入了几个实际应用案例，包括学生信息管理系统，医院管理系统，图书馆管理系统，员工信息管理系统等，使学生在学习数据库理论的同时，能依据书中提供的案例，动手参与项目实践，充分将所学的书本知识融会贯通，内容是按照由浅入深的方法，将建立数据库，访问数据库到数据库应用结合为一个整体。学习完毕后不仅对数据库技术有了全面的认识，而且还掌握了数据库在生产实践中的具体应用，熟练掌握数据库应用软件的设计。

本书既可作为普通高校、成人院校的计算机类、信息类、管理类本科专业的数据库课程的上机教材，也可作为相关领域技术人员的参考资料及培训教材。

图书在版编目（CIP）数据

数据库技术实践教程／杨爱民主编．—杭州：浙江大学出版社，2012.8（2017.6重印）
ISBN 978-7-308-10257-5

Ⅰ.①数… Ⅱ.①杨… Ⅲ.①数据库系统—教材
Ⅳ.①TP311.13

中国版本图书馆CIP数据核字（2012）第159119号

数据库技术实践教程

主编 杨爱民

责任编辑 吴昌雷
封面设计 刘依群
出版发行 浙江大学出版社
（杭州市天目山路148号 邮政编码310007）
（网址：http://www.zjupress.com）
排　　版 杭州中大图文设计有限公司
印　　刷 富阳市育才印刷有限公司
开　　本 787mm×1092mm 1/16
印　　张 12
字　　数 284千
版 印 次 2012年8月第1版 2017年6月第2次印刷
书　　号 ISBN 978-7-308-10257-5
定　　价 28.00元

高等院校计算机技术“十二五”规划教材编委会

序　言

在人类进入信息社会的21世纪，信息作为重要的开发性资源，与材料、能源共同构成了社会物质生活的三大资源。信息产业的发展水平已成为衡量一个国家现代化水平与综合国力的重要标志。随着各行各业信息化进程的不断加速，计算机应用技术作为信息产业基石的地位和作用得到普遍重视。一方面，高等教育中，以计算机技术为核心的信息技术已成为很多专业课教学内容的有机组成部分，计算机应用能力成为衡量大学生业务素质与能力的标志之一；另一方面，初等教育中信息技术课程的普及，使高校新生的计算机基本知识起点有所提高。因此，高校中的计算机基础教学课程如何有别于计算机专业课程，体现分层、分类的特点，突出不同专业对计算机应用需求的多样性，已成为高校计算机基础教学改革的重要内容。

浙江大学出版社及时把握时机，根据2005年教育部"非计算机专业计算机基础课程指导分委员会"发布的"关于进一步加强高等学校计算机基础教学的几点意见"以及"高等学校非计算机专业计算机基础课程教学基本要求"，针对"大学计算机基础"、"计算机程序设计基础"、"计算机硬件技术基础"、"数据库技术及应用"、"多媒体技术及应用"、"网络技术与应用"六门核心课程，组织编写了大学计算机基础教学的系列教材。

该系列教材编委会由国内计算机领域的院士与知名专家、教授组成，并且邀请了部分全国知名的计算机教育领域专家担任主审。浙江大学计算机学院各专业课程负责人、知名教授与博导牵头，组织有丰富教学经验和教材编写经验的教师参与了对教材大纲以及教材的编写工作。

该系列教材注重基本概念的介绍，在教材的整体框架设计上强调针对不同专业群体，体现不同专业类别的需求，突出计算机基础教学的应用性。同时，充分考虑了不同层次学校在人才培养目标上的差异，针对各门课程设计了面向不同对象的教材。除主教材外，还配有必要的配套实验教材、问题解答。教材内容丰富，体例新颖，通俗易懂，反映了作者们对大学计算机基础教学的最新探索与研究成果。

希望该系列教材的出版能有力地推动高校计算机基础教学课程内容的改革与发展，推动大学计算机基础教学的探索和创新，为计算机基础教学带来新的活力。

中国工程院院士
中国科学院计算技术研究所所长
浙江大学计算机学院院长

前言

随着计算机技术与网络通信技术的发展，数据库技术已成为信息社会中不可缺少的技术之一，这是因为数据库技术应用的范围极其广阔，诸如金融、保险、超市、企业以及各类办公系统都离不开数据库的支持，它已应用于社会各个领域，而且随着硬件技术与软件技术的发展而不断更新和完善。数据库技术已经成为信息系统的基础和核心。为了适应当今信息社会的需求，各高等院校计算机类、信息类、管理类等相关专业都已将数据库技术及应用纳入自己的课程体系之中。

本书编写的主要目的是为高校计算机类、信息类、管理类等专业的大学生提供一本比较适用的数据库技术的上机应用指导书，同时也是为适应应用型人材培养的需要，为生产实践服务。本书以 Oracle，SQL Server，Access 大、中、小三种数据库为例，详细介绍各种数据库的用法、数据库访问语句 SQL 语言的用法，在此基础上又融入了几个实际应用案例，包括学生信息管理系统，医院管理系统，图书馆管理系统，企业员工信息管理系统等，使学生在学习数据库理论的同时，能依据书中提供的案例，动手参与项目实践，充分将所学的书本知识融会贯通。本书的特点是按照学生认知的角度，由浅入深，从介绍数据库的基本常识，即如何创建数据库，访问数据库，最后到结合数据库与编程语言开发一个实际应用软件，也就是说，学生通过本教材的学习，既可以掌握相关的理论知识，又可以学到很多实际的应用知识，同时也可以积累应用软件的编程经验。

本书共分 4 章，第 1 章主要介绍大、中、小三种数据库的一般知识及发展过程，第 2 章介绍 SQL 语言对数据库的定义、查询、更新和删除的方法；第 3 章应用 C＋＋BUILDER 及 SQL 语言开发实际应用软件的几个主要案例，第 4 章介绍基于 Web 化的数据库访问的应用案例。

本教材编写组为配合本书的内容自主开发了一套网上实验系统，网址：http://datajx.computer.zwu.edu.cn，主要用于 SQL 语言的测评，详见书后附录，如有兴趣的学校可以与本教材编写组联系，个人用户可以直接注册使用。

编　者

2012 年 8 月

目　录

第1章 常用数据库介绍

1.1 Access数据库简介

1.1.1 Access是什么

Access是微软公司推出的在Windows操作系统下工作的关系型数据库管理系统。它采用了Windows程序设计理念，以Windows特有的技术设计查询、用户界面、报表等数据对象，内嵌了VBA程序设计语言，具有集成的开发环境。Access提供图形化的查询工具和屏幕、报表生成器，用户无需编程和了解SQL语言就可建立复杂的报表、界面，它会自动生成SQL代码。

Access被集成到Office软件中，具有Office系列软件的一般特点，如菜单、工具栏等。与其他数据库管理系统软件相比，它更加简单易学，一个普通的计算机用户，即使没有程序语言基础，仍然可以快速地掌握和使用它。最重要的一点是，Access的功能比较强大，足以应付一般的数据管理及处理需要，适用于中小型企业数据管理的需求。当然，在数据定义、数据安全可靠、数据有效控制等方面，它比一些数据库产品要逊色一些。Access目前在市场上最高版本为Access 2010，其数据库文件的扩展名为.accdb，安全方面比Access 2003要强些，由于考虑到目前高校拥有Access 2003及Windows XP的用户还比较多，本书我们还是以2003版本为例，其以文件形式保存，文件的扩展名是.mdb，在使用上相对比Access 2010更方便些。

1.1.2 Access包含的数据库对象

Access数据库由7种对象组成，它们是表、查询、窗体、报表、页、宏和模块。

(1)表(Table)——表是数据库的基本对象，是创建其他5种对象的基础。表由记录组成，记录由字段组成，表用来存储数据库的数据，故又称数据表。

(2)查询(Query)——查询可以按索引快速查找到需要的记录,按要求筛选记录并能连接若干个表的字段组成新表。

(3)窗体(Form)——窗体提供了一种方便地浏览、输入及更改数据的窗口。还可以创建子窗体显示相关联的表的内容。窗体也称表单。

(4)报表(Report)——报表的功能是将数据库中的数据分类汇总,然后打印出来,以便分析。

(5)页(Page)——数据访问页可以查看、更新或分析来自 Internet 或 Intranet 的数据库数据。

(6)宏(Macro)——宏相当于 DOS 中的批处理,用来自动执行一系列操作。Access 列出了一些常用的操作供用户选择,使用起来十分方便。

(7)模块(Module)——模块的功能与宏类似,但它定义的操作比宏更精细和复杂,用户可以根据自己的需要编写程序。模块使用 Visual Basic 编程。

1.1.3 Access 数据库管理系统的主要功能与特点

Access 是一个既能创建数据对象(如数据表)、管理数据,又能创建用户界面的数据库管理系统,而且界面和数据之间的联系可以通过软件中的向导来实现,使用起来非常方便。

1. Access 的优点

(1)存储方式单一

Access 管理的对象有表、查询、窗体、报表、页、宏和模块,以上对象都存放在后缀为.mdb的数据库文件中,便于用户的操作和管理。

(2)面向对象

Access 是一个面向对象的开发工具,利用面向对象的方式将数据库系统中的各种功能对象化,将数据库管理的各种功能封装在各类对象中。它将一个应用系统当做是由一系列对象组成的,对每个对象它都定义一组方法和属性,以定义该对象的行为和外观,用户还可以按需要给对象扩展方法和属性。通过对象的方法、属性完成数据库的操作和管理,极大地简化了用户的开发工作。同时,这种基于面向对象的开发方式,使得开发应用程序更为简便。

(3)界面友好、易操作

Access 是一个可视化工具,其风格与 Windows 完全一样,用户想要生成对象并应用,只要使用鼠标进行拖放即可,非常直观方便。系统还提供了表生成器、查询生成器、报表设计器以及数据库向导、表向导、查询向导、窗体向导、报表向导等工具,使得操作简便,容易使用和掌握。

(4)集成环境、处理多种数据信息

Access 基于 Windows 操作系统下的集成开发环境,该环境集成了各种向导和生成器工具,极大地提高了开发人员的工作效率,使得建立数据库、创建表、设计用户界面、设计数据查询、报表打印等可以方便有序地进行。

(5)Access 支持 ODBC(开发数据库互连,Open Data Base Connectivity)

利用 Access 强大的 DDE(动态数据交换)和 OLE(对象的联接和嵌入)特性,可以在一个数据表中嵌入位图、声音、Excel 表格、Word 文档,还可以建立动态的数据库报表和窗体等。Access 还可以将程序应用于网络,并与网络上的动态数据相连接。利用数据库访问页对象生成 HTML 文件,轻松构建 Internet/Intranet 的应用。

2. Access 的缺点

Access 是小型数据库,既然是小型就有它根本的局限性,在以下几种情况下 Access 基本上不能满足需求:

(1)数据库过大,一般 Access 数据库达到 50M 左右的时候性能会急剧下降。

(2)网站访问频繁,经常达到 100 人左右的在线。

(3)记录数过多,一般记录数达到 10 万条左右的时候性能就会急剧下降。

1.2 SQL Server 数据库简介

1.2.1 SQL Server 是什么

SQL Server 是一种关系数据库,它除了支持传统关系数据库组件(数据库、表)和特性外,另外也支持目前流行的数据库常用组件,如存储过程、触发器、游标、视图等。SQL Server 支持关系数据库国际标准语言——SQL。

SQL Server 在基于 C/S(Client/Server)的结构中扮演着 Server 端角色,也就是说 SQL Server 并不提供工具让用户设计出一个输入或查询的操作界面,另外用户也看不到和报表有关的工具,它所完成的主要是数据库的管理,其他工作交给 Client 端(C++ BUILDER,VB)来完成。

SQL Server 经历了 6.5/7/0/2000/2005/2008 等不同的版本发展过程。

1.2.2 SQL Server 2005 简介

SQL Server 2005 是 2005 年 11 月 7 日在美国地区发行上市的,它是一个全面的数据库平台,使用集成的商业智能 (BI) 工具,提供企业级的数据管理。SQL Server 2005 数据库引擎为关系型数据和结构化数据提供了更安全可靠的存储功能,使用户可以构建和管理用于业务的高可用和高性能的数据应用程序。

SQL Server 2005 数据引擎是企业数据管理解决方案的核心。此外 SQL Server 2005 结合了分析、报表、集成和通知功能。可使企业构建和部署经济有效的 BI 解决方案,帮助企业通过记分卡、Dashboard、Web services 和移动设备将数据应用推向业务的各个领域。

此外,SQL Server 2005 与 Microsoft Visual Studio、Microsoft Office System 以及新的开发工具包(包括 Business Intelligence Development Studio)的紧密集成,可以为企业开发人员、数据库管理员、信息工作者以及决策者提供各类创新的解决方案,从而最优化、合理地利用数据库资源。

1. 企业数据管理

SQL Server 2005 针对行业和分析应用程序提供了一种更安全可靠和更高效的数据平台。SQL Server 的最新版本不仅是迄今为止 SQL Server 的最大发行版本,而且是最为可靠安全的版本。

2. 开发人员生产效率

SQL Server 2005 提供了一种端对端的开发环境,其中涵盖了多种新技术,可帮助开发人员大幅度提高生产效率。

3. 商业智能

SQL Server 2005 的综合分析、集成和数据迁移功能使各个企业无论采用何种基础平台都可以扩展其现有应用程序的价值。构建于 SQL Server 2005 的 BI 解决方案使所有员工可以及时获得关键信息,从而在更短的时间内制定更好的决策。

SQL Server 2005 有以下 10 个最重要的特点。

1. 数据库镜像

通过新数据库镜像方法,将记录档案传送性能进行延伸。用户可以使用数据库镜像,通过将自动失效转移建立到一个待用服务器上,增强 SQL 服务器系统的可用性。

2. 在线恢复

使用 SQL 2005 版服务器,数据库管理人员将可以在 SQL 服务器运行的情况下,执行恢复操作。在线恢复改进了 SQL 服务器的可用性,因为只有正在被恢复的数据是无法使用的,而数据库的其他部分依然在线、可供使用。

3. 在线检索操作

在线检索选项可以在数据定义语言(DDL)执行期间,允许对基底表格、或集簇索引数据和任何有关的检索,进行同步修正。例如,当一个集簇索引正在重建的时候,用户可以对基底数据继续进行更新、并且对数据进行查询。

4. 快速恢复

新的、速度更快的恢复选项可以改进 SQL 服务器数据库的可用性。管理人员将能够在事务日志向前滚动之后,重新连接到正在恢复的数据库。

5. 安全性能的提高

SQL Server 2005 包括了一些在安全性能上的改进，例如数据库加密、设置安全默认值、增强密码政策、缜密的许可控制以及一个增强型的安全模式。

6. 新的 SQL Server Management Studio

SQL Server 2005 引入了 SQL Server Management Studio，这是一个新型的统一的管理工具组。这个工具组将包括一些新的功能，以开发、配置 SQL Server 数据库，发现并修理其中的故障，同时这个工具组还对从前的功能进行了一些改进。

7. 专门的管理员连接

SQL Server 2005 将引进一个专门的管理员连接，即使在一个服务器被锁住，或者因为其他原因不能使用的时候，管理员可以通过这个连接，接通这个正在运行的服务器。这一功能将能让管理员，通过操作诊断功能、或 Transact—SQL 指令，找到并解决发现的问题。

8. 快照隔离

我们将在数据库层面上提供一个新的快照隔离(SI)标准。通过快照隔离，使用者将能够使用与传统一致的视野观看数据库，存取最后执行的一行数据。这一功能将为服务器提供更大的可升级性。

9. 数据分割

数据分割将加强本地表检索分割，这使得大型表和索引可以得到高效的管理。

10. 增强复制功能

对于分布式数据库而言，SQL Server 2005 提供了全面的方案修改(DDL)复制、下一代监控性能、从甲骨文(Oracle)到 SQL Server 的内置复制功能、对多个超文本传输协议(HTTP)进行合并复制，以及就合并复制的可升级性和运行，进行了重大的改良。另外，新的对等交易式复制性能，通过使用复制，改进了其对数据向外扩展的支持。

SQL Server 2008 是一个重大的产品版本，它推出了许多主要功能、新的特性和关键的改进，使得它成为至今为止的最强大和最全面的 SQL Server 版本。

1.2.3 SQL Server 2008 简介

SQL Server 2008 是 2008 年 8 月推出的，它有 4 个关键领域：企业数据平台、动态开发、超越关系型数据库和无处不在的远见。

(1)企业数据平台，主要是指承担重要任务的平台，包含核心的 SQL Server 引擎、数据加密方式、资源管理、系统分析和服务器管理等特点。

(2)动态开发,是指 SQL Server 2008 使用了有 LINQ(Language Integrated Query)的新的.NET 框架 3.0。此外,对商业数据实体的数据同步选项也有了更有效地支持。

(3)超关系型数据库,SQL Server 2008 包括新的存储区域、算法、日期和时间类型。另外它还内嵌了新的全文和文件流选项。

(4)无处不在的远见,SQL Server 2008 包括了很多新的特点、改进和额外的功能。如数据集成的新特点、AS 的增强功能、报表服务的额外功能及与 Office 的集成等。

随着 SQL Server 产品版本的不断更新,以及适应 IT 的变化发展功能的不断提高,它在 Windows 操作系统环境下的市场占有率也在不断提高。

1.3 Oracle 数据库简介

Oracle 系统是目前世界上较为流行的关系数据库管理系统,是美国 Oracle 公司推出的 DBMS 产品。Oracle 公司是一家著名的专门从事数据库技术研究和开发的计算机软件厂家,自 1977 年创建以来,先后推出了多种版本的 Oracle 产品。1986 推出的 Oracle V5.1 是一个具有分布处理功能的数据库管理系统;1988 年底推出的Oracle V6 则向全关系系统迈进了一步,同时加强了事务处理功能;1992 年又推出了 Oracle V7,在 Oracle RDBMS 中可带过程数据库选项(procedural database option)和并行服务器选项(parallel server option),称为 Oracle 7 数据库管理系统,它释放了开放的关系型系统的真正潜力;1997 年 6 月,Oracle 发布了 Oracle V8,该版本支持面向对象的开发及新的多媒体应用,同时也支持 Internet、网络计算等;2001 年 6 月 Oracle 发布了 V9i,其中 i 代表 Internet,这一版本增加了大量支持 Internet 的设计特性,为数据库用户提供了全方位的 Java 支持。Oracle V9i 在集群技术、高可用性、商业智能、安全性、系统管理等方面都实现了新的突破;2003 年 9 月,Oracle 发布了 Oracle V10g,g 代表 grid 网格,这一版最大的特性就是加入了网格计算功能;2007 年 7 月 Oracle 发布了 Oracle V11g,该版本根据用户的需求实现了信息生命周期管理等多项创新。

目前 Oracle 产品覆盖大、中、小型机、微机等几十种机型,成为世界上使用最广泛的性能优良的数据库管理系统。Oracle 产品一进入中国市场,就迅速为中国用户所接受。同时美国 Oracle(中国)有限公司在与有关单位合作下推出了 5.1 版的汉化产品,为 Oracle 产品在中国的推广起到了积极的作用。

1.3.1 Oracle 系统的特点

1. 硬件环境独立性

硬件环境独立性是 Oracle 系统独有的特点。目前 Oracle 系统可以运行在不同厂家的不同档次的计算机上,如 IBM,DEC,AT&T,SUN 等著名厂家的多种机型,其中有大型机、小型机、工作站以及微型机。

2. 软件环境独立性

众所周知，DBMS是在操作系统的支持下工作的。而Oracle对系统提供的软件环境要求相当宽松，也就是说可以在不同的操作系统支持下运行，例如，VM/CMS，MVS，VMS，UNIX，Windows，DOS上均能有效地运行Oracle。

Oracle的硬件环境独立性和软件环境独立性对用户是很有吸引力的。这种独立性是通过采用C语言来开发Oracle的全部产品而获得的。

3. 兼容性

由于Oracle采用了SQL语言，而且在功能上又进行了许多扩充，从而使Oracle与SQL/DB和DB2等大型关系数据库完全兼容，即可以直接使用现有的数据库以及其应用程序。

4. 高性能的RDBMS

为了克服关系数据库效率低的弱点，在现实中引入了多种优化技术、索引技术和簇技术，从而使Oracle的性能有很大的提高。

5. 网络通讯与分布处理

Oracle系统具有网络通讯能力，适用于多种网络协议，支持分布于不同节点之间的数据共享与分布查询。Oracle的9i版SQL Tuning Advisor STA包括三个主要特征，即存储地址的独立性、网络独立性和DBMS独立性。它不仅提供了分布式RDBMS的功能，而且采用了开发式体系结构，支持多种硬件及操作系统环境，多种通讯协议和多种DBMS之间的互连，从而为建立分布式信息系统提供了强有力的支持。

6. 丰富的软件工具

除基本系统RDBMS之外，Oracle还包括一组功能很强的软件工具。如为应用开发人员提供应用生成器，菜单管理，报表生成，电子表格接口，电子图形软件等。

1.3.2　Oracle产品结构

Oracle数据库系统包括以Oracle RDBMS为核心的一批软件产品，这些软件产品合起来被称为Oracle数据库管理系统。许多用户不需要也不会使用所有的Oracle产品，但用户可以利用不同的产品采用不同的方法来完成各种各样的任务。

1. Oracle RDBMS

Oracle RDBMS是Oracle产品的核心，通常称之为Oracle的基本系统或核心系统。它包括核心数据库管理，以及帮助用户和数据库管理员（DBA）维护、监督和使用数据库的一些功能，由核心数据库管理模块和一些使用程序组成。核心数据库管理模块负责解释执行所有的 SQL 操作，实施数据库管理和安全性、完整性、并发性控制。

Oracle RDBMS 实用程序分为两类：一类是 DBA 实用程序，SQL * DBA；另一类为用户使用程序，EXPORT/IMPORT，SQL * LOADER，CRT 和 Oracle * TERMINAL。

(1) SQL * DBA 是帮助 DBA 管理、控制和监督 Oracle 数据库运转的工具。

(2) EXPORT/IMPORT 是完成 Oracle 数据库的御载和装入的程序。

(3) SQL * LOADER 是将外部文件中的数据加载到 Oracle 数据库中的程序。

(4) CRT 和 Oracle * TERMINAL。这两个使用程序均是给 Oracle 支持的全屏幕软件工具产品定义终端显示特性，它们的差异仅在于其使用范围。例如前者适用于 SQL * FORMS 2.3 及以下产品，而后者适用于 SQL * FORMS 3.0 及以上版本。

2. Oracle 软件产品

Oracle 软件工具给用户提供了一个友好的第四代开发环境，主要有下列四类：

(1) EASY 产品系列

EASY * SQL 为友好的数据库用户接口。用户无需了解 SQL 语言，即可以按照 EASY * SQL 提供的全屏幕表格、菜单、窗口等提示实现对数据库的操作，并可生成数据库报表。

(2) SQL 产品系列

① SQL * PLUS 为交互式命令接口，可使用户在终端上以交互方式使用 SQL 语言来操作数据库。

② SQL * FORMS 为第四代应用开发工具，能使用户利用其全屏幕功能，按照应用原型来实现数据库的各种存取和操纵。

③ SQL * CALC 是 Oracle 决策支持工具。通过将 CALC 子报表同 Oracle 数据库紧密结合于一体，从而完成各种复杂的数据计算、分析、预测工作。

④ SQL * MENU 为自动菜单生成系统。它提供用户设计 Oracle 应用和其他产品的用户菜单驱动接口，使用户无须编程即可生成所需的菜单提示系统。

⑤ SQL * QMX 为示例查询接口(QBE)，它采用二维表格作为用户界面来接受操作命令和显示结果。

⑥ SQL * REPORT 为报表生成工具。将正文格式化能力与 SQL 查询能力相结合。

⑦ SQL * REPORT WRITER 是第四代报表生成工具，它采用友好的用户界面辅助用户自动生成各种数据库报表，并可以同生成的菜单系统相关联，形成用户的应用系统。

⑧ SQL * GRAPH 为 Oracle 图形接口。能够把对数据库的查询结果转化成饼图，直方图，曲线图或射线图。

⑨ SQL * NET 是支持网络环境中数据库的分布式查询操作。

(3) PRO 产品系列

利用 PRO 系列(预编译)产品，可在传统的高级程序设计语言所编写的应用程序中，通过嵌入 SQL 语句，方便灵活地访问和操纵数据库中的数据，PRO 产品主要有：PRO * C，PRO * FORTRAN，PRO * COBOL，PRO * PASCAL，PRO * PL/1，PRO * ADA。

(4) CASE 产品系列

CASE 产品是提供给信息系统设计开发人员的，在 CASE 环境下，设计人员只需通过交互的表格和图形界面，提出系统设计要求，即可完成系统的开发任务。系统自动为其产生系统字典和有关文档，CASE 的目的就在于为系统的设计、实现和维护提供一个有效的控制环境。

① CASE * DESIGNER 为 CASE 环境的图形接口，是多任务和多窗口的工作平台。

② CASE * DICTIONARY 是 CASE 环境的核心，它记录着开发项目期间所收集的各种信息，如：业务功能、事件、目标、实体、属性、域、关系、容量、频率、业务单位和数据流程等；实现阶段将被翻译成程序模块，表和视图设计，索引和详细的量化信息。

③ CASE * METHOD 为 CASE 环境的设计方法。它采用“自顶向下”的结构化方法，围绕着业务目标，任务和信息，使用图表表示应用开发中的定义说明。

④ CASE * GENERATOR 是 CASE 环境的应用生成器，它将 CASE 字典的记录的设计定义自动生成先进的应用软件。

3. Oracle V6 对 Oracle V5 的改变

从体系结构来看，Oracle V6 对 Oracle V5 进行了根本性的改造，从而大幅度地提高了事务处理能力，归纳一下主要有：

(1) 事物提交时，延迟写操作，从而提高了事务处理的性能。

(2) 由单数据库系统变为多数据库系统，因此有了创建数据库的概念，相应地数据库的存储结构和空间分配方式也有改进，使用户和 DBA 对存储空间的利用更为灵活。

(3) 有联机备份和恢复功能，日志登陆形式也有改善。

(4) 增加了系统容错能力。

(5) 具有保存点(savepoints)和语句级回滚功能。

(6) 改进了数据库管理工具 SQL * DBA。

(7) EXPORT 扩充了增量存储的功能。

(8) 为了增加事务处理的并发度，增加了行级封锁功能。

(9) 提供了 SQL 过程语言 PL/SQL，是对 SQL 的扩充，它使非过程的 SQL 语言具有了过程化的结构语言特色。

本章小结

本章主要介绍了目前代表市场主流的三种数据库 Access、SQL Server、Oracle，它们的规模也是由小到大，可以适用于不同层次的企事业单位的应用软件开发，为读者进一步研究各类数据库的应用起到了一个引入的作用。

第 2 章

SQL语言应用

SQL 语言是国际标准化的数据库查询语言，它不同于关系代数，而是一种直接面向数据库操作的语言，掌握了 SQL 语言可以实现各类数据库的定义、查询、操纵和控制，而将 SQL 语言嵌入其他语言环境中，就形成了基于数据库的应用软件系统，SQL 语言目前已成为关系数据库领域中的一种主流语言。

2.1 SQL 概述

SQL 语言又称结构化查询语言（Structured Query Language），是用于和关系数据库管理系统进行通信的标准计算机语言。最早是 IBM 的圣约瑟研究实验室为其关系数据库管理系统 SYSTEM R 开发的一种查询语言，它的前身是 SQUARE 语言。在 1986 年被美国国家标准化组织 ANSI 批准为关系数据库语言的国家标准，1987 年又被国际标准化组织 ISO 批准为国际标准，此标准也于 1993 年被我国批准为中国国家标准。

SQL 语言结构简洁，功能强大，简单易学，所以自 IBM 公司推出以来，得到了广泛地应用。Oracle 公司于 1979 年推出了 SQL 语言的第一个商用版本。到目前为止，无论是 Oracle，Sybase，Informix，SQL Server 这些大型的数据库管理系统，还是 Visual Foxpro，PowerBuilder 这些微机上常用的数据库开发系统，都支持 SQL 语言作为查询语言。

SQL 语言的主要特点是它是一个非过程语言，程序员只需要指明数据库管理系统需要完成的任务，然后让系统去自行决定如何获得想要得到的结果，而不必详细设计计算机为获得结果需要执行的所有运算。

SQL 语言的语句或命令也称为数据子语言，通常分为 4 个部分：

(1)数据查询语言 DQL(Data Query Language)：查询数据的 SELECT 命令。

(2)数据操纵语言 DML(Data Manipulation Language)：完成数据操作的 INSERT，UPDATE，DELETE 命令。

(3)数据定义语言 DDL(Data Definition Language)：完成数据对象的创建、修改和删除的 CREATE，ALTER，DROP 命令。

(4)数据控制语言 DCL(Data Control Language)：控制对数据库的访问，服务器的关闭、启动的 GRANT 和 REVOKE 等命令。

SQL 语言有两种使用方式，一种是联机交互使用方式，允许用户对数据库管理系统直接发出命令并得到运行结果；另一种是嵌入式使用方式，以一种高级程序设计语言（如 C、COBOL 等）或网络脚本语言（PHP，ASP）为主语言，而 SQL 则被嵌入其中依附于主语言，使用该方式，用户不能直接观察到 SQL 命令的输出，结果以变量或过程参数的形式返回。但在两种使用方式中，SQL 语言的基本语法结构不变，语言结构清晰，风格统一，易于掌握。

SQL 语言是 Oracle RDBMS 定义和存取数据的有效工具，Oracle RDBMS 中的各种数据库对象都可以用 SQL 命令创建和访问。限于篇幅本章仅介绍标准 SQL 语言的 DQL、DML、DDL 交互形式，DCL 在后面的章节介绍，全部实例均在 Oracle V9i 的 SQL PLUS 或 SQL PLUS Worksheet 环境运行通过。

2.2　SQL 数据定义

SQL 语言的数据定义功能主要包括对基本表、视图和索引的定义、修改和撤销操作。

2.2.1　基本表的创建、修改、删除及重命名

1. 创建基本表

表是关系数据库中一种拥有数据的结构。创建表就是定义表的结构（即关系的框架），通常包括：定义表名，定义表中各列的特征（即列名、数据类型、长度以及能否取空值），及需要的列或表的完整性约束。表的定义通过 CREATE TABLE 命令来实现，该命令用于将该表的结构信息在数据字典中登录，并为新建的表分配初始的磁盘空间。

定义命令格式为：

```
CREATE TABLE <表名>(<列名> <数据类型> [列级完整性约束条件]
                  [,<列名> <数据类型> [列级完整性约束条件]…]
                  [,<表级完整性约束条件>]);
```

选项说明：

(1) 表名和列名

Oracle 中表名或列名应该以字母开始，其余字符可为字母、数字、下划线、#、$ 等，最长可达 30 个字符；表名和列名不能与 Oracle 的保留字相同。

(2) 数据类型

为列指定数据类型及其宽度，不同的数据库管理系统所支持的数据类型有所不同。Oracle 的几种常用的数据类型如表 2-1 所示。

表 2-1　Oracle 数据表字段类型

字段类型	中文说明	限制条件	其他说明
CHAR	固定长度字符串	最大长度 8000bytes	该类型即便是空字符也占用规定长度的存储空间，汉字占两个字节(A)
NCHAR	根据 Unicode 数据类型而定的固定长度字符串	最大长度 4000bytes	所有字符均占两个字节
VARCHAR	可变长度的字符串	最大长度 4000bytes	以实际长度来分配存储空间，中文占 2 字节
NVARCHAR	根据 Unicode 数据类型而定可变长度的字符串	最大长度 4000bytes	以实际长度来分配存储空间，所有字符均占两个字节
VARCHAR2	Oracle 特定的类型，可变长度的字符串	最大长度 4000bytes	以实际长度来分配存储空间，全角及中文占 2 字节，空字符串的特性改为存储 NULL 值
NVARCHAR2	RACLE 特定的类型，根据 Unicode 数据类型而定可变长度的字符串	最大长度 4000bytes	以实际长度来分配存储空间，所有字符全角及中文占 2 字节，空字符串的特性改为存储 NULL 值
DATE	日期(日-月-年)	DD-MM-YY (HH-MI-SS)	不需要设置宽度，由系统根据日期格式来给定(A)
LONG	超长字符串	最大长度 2G($2^{31}-1$)	足够存储大部头著作，用于不需要作字符串搜索的长串数据
RAW	固定长度的二进制数据	最大长度 2000 bytes	可存放多媒体图像声音等
LONG RAW	可变长度的二进制数据	最大长度 2G	同上
BLOB	二进制数据	最大长度 4G	用来保存较大的图形文件或带格式的文本文件
CLOB	字符数据	最大长度 4G	
NCLOB	根据 Unicode 而定的字符数据	最大长度 4G	
BFILE	存放在数据库外的二进制数据	最大长度 4G	在数据库外部保存的大型二进制对象文件
ROWID	数据表中记录的唯一行号	10 bytes ********.*****.****格式，*为 0 或 1	ROWID 为该表行的唯一标识，是一个伪列，可以用在 SELECT 中，但不可以用 INSERT，UPDATE 来修改该值
NROWID	二进制数据表中记录的唯一行号	最大长度 4000 bytes	
NUMBER(P,S)	数字类型	P 整数位，S 小数位	
DECIMAL(P,S)	数字类型	P 整数位，S 小数位	(A)
INTEGER	整数类型	小的整数	
REAL	实数类型	单精度	小数点精确到 6～7 位小数(A)
FLOAT	浮点数类型	双精度	小数点精确到 14～15 位小数(A)

注：其他说明中凡加了(A)表示 Access 数据库适用该字段类型

(3) 完整性约束

建表的同时还可以定义该表的完整性约束条件,它被自动存于系统的数据字典中,当用户操作表中数据时,由 RDBMS 自动检查该操作是否违背这些完整性约束条件。Oracle提供了下列完整性约束:

① NOT NULL 和 NULL 约束

用 NOT NULL 和 NULL 指定列允许或不允许为空值。空值表示尚未存储数据的列,与空白字符串、空串和数值 0 具有不同的意义。

② PRIMARY KEY 约束

用 PRIMARY KEY 指定列是主关键字,一个表只能有一个 PRIMARY KEY 约束。该约束要求进入该列的数据是唯一的,且不为 NULL。如果主关键字由多列组成则定义成表级完整性约束。

③ FOREIGN KEY 约束

用 FOREIGN KEY 指定外部关键字或参照完整性约束。该约束列的数据要么为 NULL,要么为参照列的值。当外部关键字为多列组成的复合关键字时,则定义成表级参照完整性约束。

④ UNIQUE 约束

用 UNIQUE 指定取值是唯一的,但不是主关键字的列。

⑤ DEFAULT 约束

用 DEFAULT 定义列的默认值,每列只能有一个 DEFAULT 定义。

⑥CHECK 约束

用 CHECK 约束列的取值,约束条件是一个逻辑表达式。使表达式值为真的数据进入该列。当多列需要同时约束或有某种函数关系时,则定义成表级约束,但只能引用本表中的列。

下面给出"学生选课"数据库中的 5 张基本表(见表 2-2～表 2-6),这里只给出前三张表的创建代码,另外两张请有兴趣的同学自己创建。

表 2-2　student 表结构

字段名称	数据类型	长度	说明
sno	文本	10	学号
sname	文本	8	姓名
sex	文本	2	性别
sdept	文本	20	系部
csrq	日期/时间	默认	出生日期

表 2-3　course 表结构

字段名称	数据类型	长度	说明
sno	文本	3	课程号
cname	文本	20	课程名
cpno	文本	3	先行课程号
credit	数字	单精度,小数位数 1 位	学分

表 2-4 sc 表结构

字段名称	数据类型	长度	说明
sno	文本	10	学号
sname	文本	3	课程号
grade	数字	单精度,小数位数 1 位	成绩

表 2-5 mm 表结构

字段名称	数据类型	长度	说明
userl	文本	8	用户名
password1	文本	20	密码
sno	文本	10	学号

表 2-6 teacher 表结构

字段名称	数据类型	长度	说明
tno	文本	3	教师号
tname	文本	8	教师名
tname	文本	2	教师性别
tsdept	文本	20	教师系部
tglass	文本	6	教师职称
tcsrq	日期/时间		教师出生日期

【例 2-1】 创建学生表 student(sno,sname,sex,sdept,csrq),表中属性分别为学号(sno)、姓名(sname)、性别(sex)、系部(sdept)、出生年月(csrq)。其中 sno 为主关键字,sname 不能为空。

```
CREATE TABLE student (sno CHAR(8) NOT NULL,
                      sname CHAR(8) NOT NULL,
                      sex CHAR(2),
                      sdept CHAR(20),
                      csrq DATE,
                      PRIMARY KEY (sno));
```

【例 2-2】 创建课程表 course(cno,cname,cpno,credit),表中属性分别为课程号(cno)、课程名(cname)、先行课程号(cpno)、学分(credit)。其中 cno 为主关键字,cname 不能为空,学分缺省值为 0。

```
CREATE TABLE course (cno CHAR(2) PRIMARY KEY,
                     cname CHAR(10) NOT NULL,
                     cpno CHAR(3),
```

```
                    credit INT DEFAULT 0);
```

【例 2-3】 创建选课表 sc(sno,cno,grade),表中属性分别为学号(sno)、课程号(cno)、成绩(grade)。其中 sno、cno 为主关键字,还要设置成绩值要么为空,要么在 0～100 之间的检查。

```
CREATE TABLE sc (sno CHAR(8) NOT NULL,
                cno CHAR(2) NOT NULL,
                grade DECIMAL(5,1),
                PRIMARY KEY(sno,cno),
                CHECK ((grade IS NULL) OR (grade BETWEEN 0 AND
                100)));
```

用 CREATE TABLE 创建的表,最初是空表,可用数据输入命令装入数据。

2. 修改基本表结构

在 Oracle 系统中,允许对已经定义的表的结构根据需要进行修改,包括增加新列和修改某些列属性等。

修改的命令格式为:

ALTER TABLE ＜表名＞ ADD＜新列名＞＜数据类型＞[列级完整性约束条件]|
DROP (＜列名＞)|
MODIFY＜列名＞＜数据类型＞[列级完整性约束条件];

选项说明:

(1) 增加新列

对已定义的表可以增加新列和新的完整性约束条件。如果原表中已有数据,则要为新列填充 NULL 值,不能再对增加的列指定 NOT NULL。

【例 2-4】 在学生表 student 中增加班级(class)一列。

```
ALTER TABLE student ADD class CHAR(12);
```

(2) 修改某些列

可以对已定义表中的列进行修改。当某列对应的数据全部为空时,才能使其长度变短或改变数据类型。当某列已有数据中未出现过空值时,才能将其改为非空列。

【例 2-5】 将学生表的学生所属系(sdept)长度改为 30。

```
ALTER TABLE student MODIFY sdept CHAR(30);
```

(注:如果测试用的数据库是 Access,则将 MODIFY 改为 ALTER)

(3) 删除某些列

可以对已定义表中的列进行删除。

【例 2-6】 将学生表 student 中班级(class)列删除。

```
ALTER TABLE student DROP class;
```

在没有视图和约束引用该列时,删除才能正常进行。

3. 删除基本表

随着时间变化，有些表可能会变成无用的，这时可将表删除。

命令格式为：**DROP TABLE ＜表名＞；**

选项说明：这个命令将表中数据删掉，将表的结构定义从数据字典中抹去，同时在此表上建立的索引和视图将随之消失。用户只能删除自己所建的表，不能删除其他用户所建的表。

【例 2-7】 删除课程表 course

```
DROP TABLE course;
```

4. 修改字段名

命令格式：

ALTER TABLE ＜表名＞ RENAME COLUMN ＜原列名＞ TO ＜新列名＞；

选项说明：这个语句的作用是为表中已存在的列改名，即将列名为＜原列名＞的表更名为＜新列名＞。（注该命令仅适用于 Oracle）

【例 2-8】 将表 student 中的 sdept 改名为 sdept1。

```
ALTER TABLE student RENAME COLUMN sdept TO sdept1;
```

2.2.2 索引的定义和删除

索引是一种树型结构，使用正确的话，可以减少定位和检索所需要的 I/O 操作，查询优化器可以使用索引高效的检索数据库信息。索引的另一个用途是保证表中数据的唯一性。

1. 创建索引

创建索引的命令格式为：

CREATE [UNIQUE][CLUSTER] INDEX ＜索引名＞
ON ＜表名＞(＜列名＞ [次序][,＜列名＞ [次序]…])；

选项说明：

(1) UNIQUE：表明此索引的每一个索引值只对应唯一的数据记录。

(2) CLUSTER：表明要建立的索引是聚簇索引，即索引项的顺序与表中记录的物理存放顺序一致。一个基本表上最多只能建一个聚簇索引，对于经常变动的数据列，建议不建立聚簇索引，数据变动时会导致表中物理记录顺序的变动，增加系统开销。

(3) 表名：要建立索引的基本表名。

(4) 列名、次序：索引可以建立在一列或多列上，次序为索引值的排列次序，升序为 ASC(缺省值)，降序为 DESC。

索引类型分为：普通索引、唯一索引和聚簇索引，默认为以指定列升序建立普通索引。通常情况下一个表上建立 2 至 3 索引。

【例2-9】 为student表创建学号升序唯一性索引，为sc表创建学号升序和课程号降序索引。

```
CREATE UNIQUE INDEX  st_sno ON student(sno);
CREATE INDEX sc_sno_cno ON sc(sno,cno desc);
```

2.删除索引

删除索引的命令格式为：

DROP INDEX <索引名>;

索引建立后，由系统使用和维护，不需要用户干预。建立索引是为了提高查询数据的效率，但如果某阶段数据变动频繁，系统维护索引的代价会增加，可以先删除不必要的索引。

【例2-10】 删除STUDENT表st_sno索引。

```
DROP INDEX st_sno;
```

删除索引，不仅物理删除相关的索引数据，也从数据字典中删除该索引的描述。

注意：如果用的是Access数据库，请在索引文件后加上ON原表名：

```
DROP INDEX st_sno ON student;
```

2.2.3 视图的定义和删除

视图是从其他表中导出的逻辑表，它不像基表一样物理地存储在数据库中，视图没有自己独立的数据实体。一个视图的存在只反映在数据字典中具有相应的登记项。视图一旦建立后，即可在其上进行DML操作。但由于视图数据的不独立性，决定了这些操作要受到一定的限制。

1.创建视图

创建视图的命令格式为：

CREATE VIEW <视图名>[(<列名>[,<列名>…])]
AS <SELECT子查询语句>
[WITH CHECK OPTION];

选项说明：

(1) 视图是由若干基表经查询子语句而构成的导出的虚表(drived table)，这种表本身并不实际存在于数据库内，RDBMS把对视图的定义存于数据字典中，当对视图查询时才按视图的定义从基本表中将数据查出。

(2) SELECT子查询语句，通常不允许含有ORDER BY子句和DISTINCT短语。

(3) WITH CHECK OPTION，表示对视图进行UPDATE、INSERT和DELETE操作时，保证更新、插入和删除的行满足视图定义中子查询中的条件(注Access下不能使用)。

【例2-11】 教务处经常用到学号(sno)、姓名(sname)、性别(sex)、系别(sdept)课程号(cno)、课程名(cname)、学分(credit)、成绩(grade)数据，为该用户创建一个视图，便于对数据的使用。

```
CREATE VIEW st_cu_sc (学号,姓名,性别,系别,课程号,课程名,学分,成绩)
        AS SELECT student.sno, sname, sex, sdept, sc.cno, cname, credit,
        grade FROM student, course, sc
        WHERE student.sno=sc.sno  AND sc.cno=course.cno
            WITH CHECK OPTION;
```

这里要注意的是学号 sno 及课程表 cno 均在两张表里存在,所以引用时表示为 student.sno,sc.cno。

【例 2-12】 如某用户经常要查询每个学生选修的课程数和课程平均成绩,为该用户创建一个视图,便于对数据的使用。

```
CREATE VIEW st_sc_score(学号,课程数,平均成绩)
            AS SELECT sno, COUNT(cno), AVG(grade)
            FROM sc
            WHERE grade IS NOT NULL
            GROUP BY sno;
```

2. 删除视图

删除视图的命令格式为:

DROP VIEW <视图名>;

选项说明:

视图不需要时可以用此命令删除。一个视图删除后由此导出的其他视图也将失效。

【例 2-13】 删除视图 st_sc_score。

```
DROP VIEW st_sc_score;
```

3. 视图的操作

对视图可以进行查询(SELECT)、插入(INSERT)、修改(UPDATE)、删除(DELETE)操作,由于视图不是实际存放数据的表,对视图的操作最终要转换为对基本表的操作。

在关系数据库系统中,并不是所有的视图都可以更新的,因为有些视图的更新不能唯一地有意义地转换成对相应的基本表的更新。对视图做更新操作时要注意以下几条:

(1) 由两个以上基本表导出的视图不能更新。

(2) 视图属性来自字段表达式,常量或集函数,则此视图不能更新。

(3) 若视图定义中含有 GROUP BY 子句或 DISTINCT 短语,则此视图不能更新。

(4) 如若视图中有嵌套查询,内层查询表和视图导出表同属一个基本表,则此视图不能更新。

(5) 不允许更新的视图导出的视图也不能更新。

【例 2-14】 定义学生表中男生的视图,并插入一行数据。

```
CREATE  VIEW  stuentm(学号,姓名,性别)
```

```
        AS  SELECT sno,sname,sex
            FROM student
            WHERE sex="男";
INSERT INTO stuentm VALUES("20030302","刘兵","男");
```

2.3　SQL 数据查询

查询是数据库操作中最常用的操作。对于已经定义的表和视图,用户可以通过查询操作得到所需要的信息。SQL 语言的核心就是查询,它提供了功能强大的 SELECT 语句来完成各种数据的查询。

为使大家学习方便,我们先用 Access 数据库在后台建立一个名为 xskc 的数据库,然后在其内建立五张数据表:

student　　学生表
course　　课程表
sc　　选课表
mm　　密码表
teacher　　教师表

进入 Access 环境,创建一个名为 xskc.mdb 的数据库,并保存,如图 2-1 所示。在图 2-2 输入相关字段及属性。

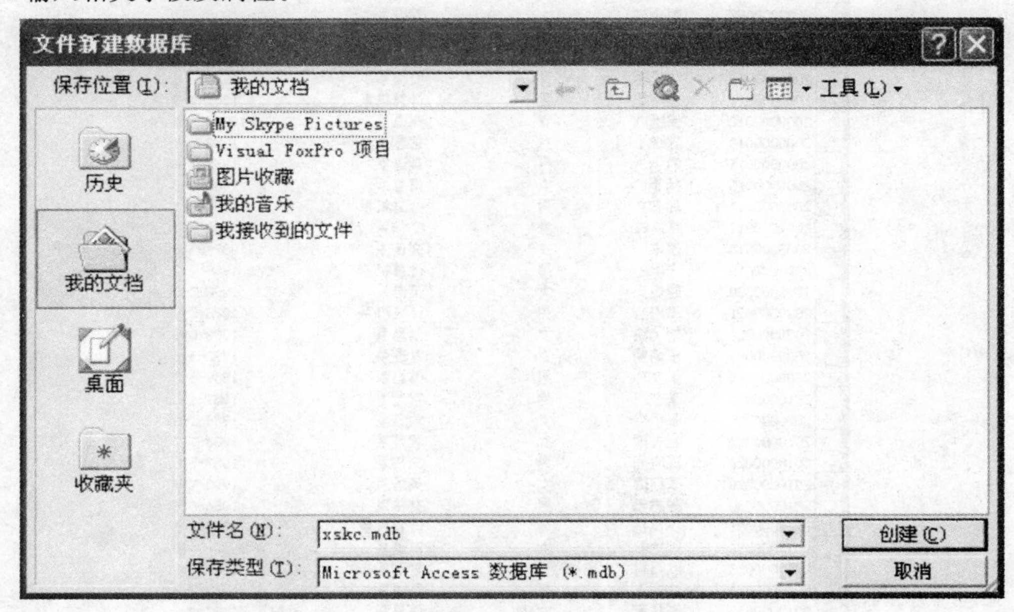

图 2-1　Access 建表

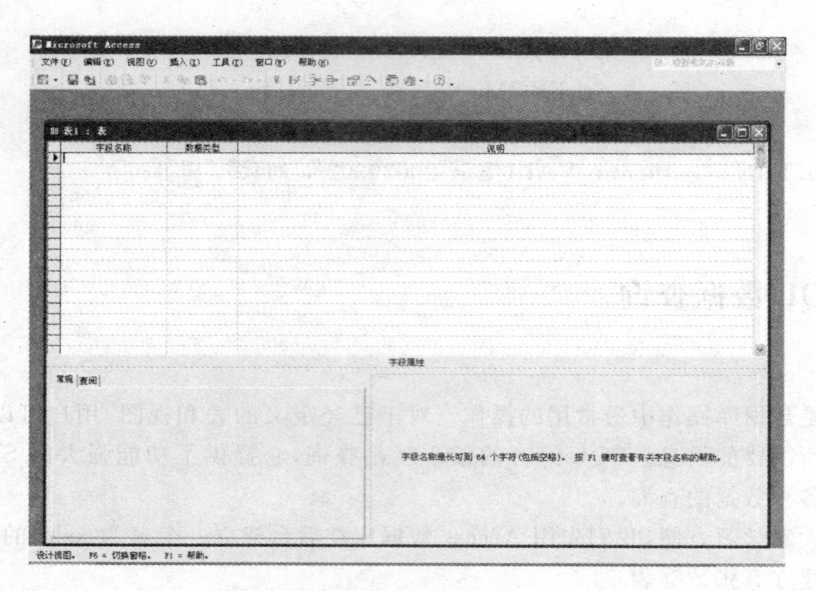

图 2-2 Access 建表

每张表的具体结构参见 2.2.1 节的表 2-2～表 2-6,各数据表的内容如图 2-3～图 2-7 所示。

student : 表

sno	sname	sex	sdept	csrq
2009000001	李勇	男	计算机系	1988-7-9
2009000002	刘晨	女	信息系	1989-6-9
2009000003	王名	女	管理系	1990-3-14
2009000004	张立	男	信息系	1989-6-7
2009000005	李明	男	管理系	1987-4-3
2009000006	张小梅	女	信息系	1986-1-3
2009000007	封小文	女	管理系	1988-7-7
2009000008	冯晓文	男	文传系	1987-5-6
2009000009	孙红梅	女	英语系	1990-7-3
2009000010	沈三明	男	文传系	1986-6-6
2009000011	志吴扬	男	计算机系	1987-4-5
2009000012	徐艳霞	女	英语系	1990-9-10
2009000013	陈锋子明	男	管理系	1989-5-3
2009000014	俞飞	男	英语系	1986-7-4
2009000015	扬菲	女	信息系	1987-3-8
2009000016	郭志文	男	计算机系	1989-6-1
2009000017	魏玲铃	女	文传系	1989-4-4
2009000018	倪琳	女	文传系	1987-9-13
2009000019	许永	男	计算机系	1986-1-9
2009000020	屈炎炎	女	英语系	1990-8-8
2009000021	李志心	男	计算机系	1988-7-9
2009000022	刘飞快	女	信息系	1989-6-9
2009000023	王名明	女	管理系	1990-4-6
2009000024	张立功	男	信息系	1989-6-7
2010000025	李小习	男	管理系	1987-4-3
2010000026	张小梅	女	管理系	1986-1-3
2010000027	赵志国	女	管理系	1988-7-7
2010000028	冯晓亮	男	文传系	1987-5-6
2010000029	李红梅	女	英语系	1990-7-3
2010000030	张志忠	男	文传系	1986-6-6
2010000031	杨吴扬	男	计算机系	1987-4-5
2010000032	魏艳霞	女	英语系	1990-9-10
2010000033	欧阳树文	男	管理系	1989-5-3
2010000034	沈俞飞	男	英语系	1986-7-4
2010000035	李扬菲	女	信息系	1987-3-8

图 2-3 student 表内容

course : 表

	cno	cname	cpno	ccredit
▶	1	数据库	5	4
	2	数学	0	2
	3	信息系统	1	4
	4	操作系统	6	3
	5	数据机构	7	2
	6	数据处理	0	0
	7	PASCAL语言	6	4
	8	会计理论	2	3
*				0

图 2-4　course 表内容

sc : 表

	sno	cno	grade
▶	2009000001	1	92
	2009000001	2	85
	2009000001	3	88
	2009000002	2	90
	2009000002	3	80
	2009000003	1	78
	2009000003	2	80
	2009000004	1	90
	2009000004	4	60
	2009000005	1	80
	2009000005	3	89
	2009000006	2	80
	2009000007	4	65
	2009000007	3	72
	2009000007	4	89
	2009000008	1	81
	2009000008	2	68
	2009000009	3	93
	2009000009	2	79
	2009000010	4	68
	2009000008	3	88
	2009000008	2	87
	2009000001	4	80
	2009000001	5	65
	2009000001	6	72
	2009000001	7	89
	2009000001	8	81
	2009000011	3	60
	2009000012	2	80
	2009000013	4	89
	2009000014	3	80
	2009000015	4	65
	2009000016	1	72
	2009000017	2	89

图 2-5　sc 表内容

mm : 表

	user1	password1	sno
▶	[illegible]	125	2009000001
	aa	123	2009000002
	mm	223	2009000003
	rr	666	2009000004
	jj	555	2009000005
	hh	233	2009000006
	bb	333	2009000007
	nn	557	2009000008
	ff	558	2009000009
	ee	e12	2009000010
	y1	125	2009000011
	y2	123	2009000012
	y3	223	2009000013
	y4	666	2009000014
	y5	555	2009000015
	y6	233	2009000016
	y7	333	2009000017
	y8	557	2009000018
	y9	558	2009000019
	a1	e12	2009000020
	a2	e12	2009000021
	a3	125	2009000022
	a4	123	2009000023
	a5	223	2009000024
	a6	666	2009000025
	a7	555	2009000026
	a8	233	2009000027
	a9	333	2009000028
	b1	557	2009000029
	b2	558	2009000030
	b3	e12	2009000031
	b4	e12	2009000032
	b5	e12	2009000033
	b6	125	2009000034

图 2-6　mm 表内容

teacher : 表

tno	tname	tsex	tsdept	tglass	tcsrq
111	李海龙	男	计算机系	副教授	1972-2-14
112	张涛	男	计算机系	讲师	1989-3-14
113	李梅	女	计算机系	讲师	1982-2-3
114	范冰倩	女	计算机系	讲师	1983-2-5
115	郑红	女	管理系	讲师	1984-2-14
116	张小芳	女	管理系	副教授	1970-9-18
117	王海	男	信息系	副教授	1971-6-4
118	赵九涛	男	信息系	副教授	1973-5-11
119	秦岭	女	文传系	讲师	1988-7-2
120	黄军	男	文传系	讲师	1988-2-3
121	李义强	男	英语系	讲师	1987-2-6
122	周峰	男	英语系	讲师	1985-3-13
123	杨树昆	男	计算机系	教授	1963-8-15
124	蔡保强	男	计算机系	教授	1964-9-6
125	傅宝荣	男	文传系	讲师	1978-2-14
126	李义	男	计算机系	讲师	1979-7-2
127	杨波涛	男	计算机系	助教	1989-9-1
128	赵明明	女	管理系	助教	1988-8-8
129	郑桐	男	管理系	副教授	1985-4-5
130	张婷婷	女	计算机系	副教授	1983-6-7
*					

图 2-7　teacher 表内容

2.3.1　查询命令(SELECT)

1. SELECT 命令的语法格式

SELECT [ALL | DISTINCT] ＜表达式＞ [,＜表达式＞ …]
FROM ＜表名|视图＞ [,＜表名|视图＞…]
[WHERE ＜条件表达式＞]
[GROUP BY 〈列名〉[,〈列名〉…] [HAVING ＜分组条件表达式＞]]
[ORDER BY 〈列名〉[ASC | DESC][,列名][ASC | DESC] …];

2. SELECT 命令的功能

SELECT 语句是从一个或多个表中查询所需信息，结果仍是一个关系子集。

3. SELECT 命令的说明

(1) [ALL | DISTINCT]：缺省值为 ALL。ALL 表示查询结果不去掉重复行，DISTINCT 表示去掉重复行。

(2) ＜表达式＞ [,＜表达式＞ …]：通常取列名，所有列可用“*”表示。

(3) FROM 子句：指出在哪些表(或视图)中查询。

(4) WHERE 子句：指出查找的条件。可使用以下运算符来限定查询结果：

① 比较运算符：=，＞，＜，＞=，＜=，＜＞。

② 字符匹配运算符：LIKE，NOT LIKE 。

③ 确定范围运算符：BETWEEN AND，NOT BETWEEN AND。

④ 逻辑运算符：NOT，AND，OR。

⑤ 集合运算符：UNION（并），INTERSECT（交），EXCEPT（差）。

⑥ 集合成员运算符：IN，NOT IN。

⑦ 谓词：EXIST，ALL，SOME，UNIQUE。

⑧ 聚合函数：AVG()，MIN()，MAX()，SUM()，COUNT()。

⑨SELECT 子句：可以是另一个 SELECT 查询语句，即可以嵌套。

(5) GROUP BY 子句：指出查询分组依据，利用它进行分组汇总。

(6) HAVING 子句：配合 GROUP BY 子句使用，用于限定分组必须满足的条件。

(7) ORDER BY 子句：对查询结果排序输出。

2.3.2　简单查询

SELECT 查询命令使用非常灵活，使用它可以构造出各种方式的查询，本节将就以实例形式介绍命令的使用，实例使用前边创建 5 个表及数据。

【例 2-15】 列出表 student 中全部学生的学号、姓名和出生年月。

```
SELECT sno，sname，csrq
FROM student；
```

结果如图 2-8 所示。

sno	sname	csrq
2009000001	李勇	1988-7-9
2009000002	刘晨	1989-6-9
2009000003	王名	1990-3-14
2009000004	张立	1989-6-7
2009000005	李明	1987-4-3
2009000006	张小梅	1986-1-3
2009000007	封小文	1988-7-7
2009000008	冯晓文	1987-5-6
2009000009	孙红梅	1990-7-3
2009000010	沈三明	1986-6-6
2009000011	志吴扬	1987-4-5

图 2-8　例 2-15 查询结果

如果要列出表的全部列，则不必将列名逐一列出，用“＊”号代替即可，列出学生表的全部数据可用如下命令：

```
SELECT ＊ FROM student；
```

【例 2-16】 找出选修了课程的学生号。

```
SELECT sno
FROM sc；
```

结果如图 2-9 所示。

sno	sname	sex	sdept	csrq
2009000001	李勇	男	计算机系	1988-7-9
2009000002	刘晨	女	信息系	1989-6-9
2009000003	王名	女	管理系	1990-3-14
2009000004	张立	男	信息系	1989-6-7
2009000005	李明	男	管理系	1987-4-3
2009000006	张小梅	女	信息系	1986-1-3
2009000007	封小文	女	管理系	1988-7-7
2009000008	冯晓文	男	文传系	1987-5-6
2009000009	孙红梅	女	英语系	1990-7-3
2009000010	沈三明	男	文传系	1986-6-6
2009000011	志吴扬	男	计算机系	1987-4-5

图 2-9 例 2-16 查询结果

结果中有重复值，消除查询结果中的重复行，在 SELECT 子句中选用 DISTINCT：

SELECT DISTINCT sno FROM sc;

以上是无条件查询，若要在表中找出满足某些条件的行，则要用 WHERE 子句。

【例 2-17】 查询出管理系的学生姓名和年龄。

```
SELECT sname，(DATE()－csrq)/365 AS age
FROM student
WHERE sdept='管理系';
```

显示结果如下：

sname	age
王名	22.3890410958904
李明	25.3369863013699
封小文	24.0739726027397
陈锋子明	23.2520547945205
王名明	22.3260273972603
李小习	25.3369863013699
张小梅	26.5835616438356
赵志国	24.0739726027397
欧阳树文	23.2520547945205

图 2-10 例 2-17 查询结果

上述命令中的 DATE()为系统日期函数，AS 可以引导别名如 age，即显示的列可以用 AS 引导的别名来表示。

【例 2-18】 查询英语系 90 后的学生情况(注 90 年后出生的)。

```
SELECT *
```

```
FROM student
WHERE sdept='英语系' AND YEAR(csrq)>=1990;
```

显示结果如下：

sno	sname	sex	sdept	csrq
2009000009	孙红梅	女	英语系	1990-7-3
2009000012	徐艳霞	女	英语系	1990-9-10
2009000020	屈炎炎	女	英语系	1990-8-8
2010000029	李红梅	女	英语系	1990-7-3
2010000032	魏艳霞	女	英语系	1990-9-10

图 2-11　例 2-18 查询结果

【例 2-19】　找出分数在 75 到 85 之间的学生的学号、课程号和成绩。

```
SELECT sno,cno,grade
FROM sc
WHERE grade>=75 AND grade<=85;
```

或

```
SELECT sno,cno,grade
FROM sc
WHERE Grade BETWEEN 75 AND 85;
```

显示结果如下：

sno	cno	grade
2009000001	2	85
2009000002	3	80
2009000003	1	78
2009000003	2	80
2009000005	1	80
2009000006	2	80
2009000008	1	81
2009000009	2	79
2009000001	4	80
2009000001	8	81
2009000012	2	80

图 2-12　例 2-19 查询结果

注意 BETWEEN 的用法，BETWEEN a1 AND a2 表示的是在 a1 与 a2 间的数，同时也包含 a1 与 a2。

【例 2-20】 查询 2010 级计算机系的同学姓名和系。

```
SELECT sname,sdept
FROM student
WHERE sno LIKE '2010%' AND sdept='计算机系';
```

显示结果如下：

sname	sdept
杨吴扬	计算机系
赵志文	计算机系
赵永明	计算机系

图 2-13 例 2-20 查询结果

注：学号的前两位为年级。在 LIKE 运算符中用到两个通配符，“%”表示 0 个或多个字符，“_”(下划线)表示一个字符。如查找第二个字为志的同学姓名可以用'_志%'来表示，如果查找的字符串本身含有“%”或“_”如“A_100”则要将该符号以[_]表示，这样“_”不再做通配符处理。

【例 2-21】 查询中间字为志的三字同学姓名。

```
SELECT sname
FROM student
WHERE sname LIKE '_志_';
```

显示结果如下：

sname
郭志文
李志心
赵志国
张志忠
赵志文

图 2-14 例 2-21 查询结果

【例 2-22】 找出选修课程“2”或“4”且成绩高于或等于 80 分的学生的学号、课程号和成绩。

```
SELECT sno,cno,grade
FROM sc
WHERE (cno='2'OR cno='4') AND grade>=80;
```

括号是分组符号，可以控制使用查找条件的顺序。若在括号括起的一组条件前冠以 NOT，则可以否定一组条件。

也可以用一种谓词的形式查询方式，主要适合于指定的一些数据查询。

```
SELECT sno,cno,grade
FROM sc
WHERE cno IN('2','4') AND grade>=80;
```

显示结果如下：

	sno	cno	grade
▶	2009000001	2	85
	2009000002	2	90
	2009000003	2	80
	2009000006	2	80
	2009000007	4	89
	2009000008	2	87
	2009000001	4	80
	2009000012	2	80
	2009000013	4	89
	2009000017	2	89
	2009000024	4	87

图 2-15　例 2-22 查询结果

【例 2-23】 找出 1981 年后出生的所有非刘姓同学情况。

```
SELECT *
FROM student
WHERE sname NOT LIKE '刘%' AND YEAR(csrq)>=1981;
```

显示结果如下：

	sno	sname	sex	sdept	csrq
▶	2009000001	李勇	男	计算机系	1988-7-9
	2009000003	王名	女	管理系	1990-3-14
	2009000004	张立	男	信息系	1989-6-7
	2009000005	李明	男	管理系	1987-4-3
	2009000006	张小梅	女	信息系	1986-1-3
	2009000007	封小文	女	管理系	1988-7-7
	2009000008	冯晓文	男	文传系	1987-5-6
	2009000009	孙红梅	女	英语系	1990-7-3
	2009000010	沈三明	男	文传系	1986-6-6
	2009000011	志吴扬	男	计算机系	1987-4-5
	2009000012	徐艳霞	女	英语系	1990-9-10

图 2-16　例 2-23 查询结果

YEAR(日期函数)表示取年号，MONTH(日期函数)表示取月号，DAY(日期函数)表示取日号，如 YEAR(1981-8-1)=1981；MONTH(1981-8-1)=8；DAY(1981-8-1)=1。

【例 2-24】 查询管理系的所有只有 2 个字姓名的同学。

```
SELECT *
```

FROM student
WHERE sdept='管理系' AND sname LIKE '__';
显示结果如下：

	sno	sname	sex	sdept	csrq
▶	2009000003	王名	女	管理系	1990-3-14
	2009000005	李明	男	管理系	1987-4-3

图 2-17 例 2-24 查询结果

【例 2-25】 找出选修课程"2"或"4"且成绩高于或等于 80 分的学生的学号、课程号和成绩，按照课程升序和成绩由高到低顺序排列。
SELECT sno,cno,grade
FROM sc
WHERE cno IN('2','4') AND grade>=75
ORDER BY cno,grade DESC;
显示结果如下：

	sno	cno	grade
▶	2009000002	2	90
	2009000017	2	89
	2009000008	2	87
	2009000001	2	85
	2009000012	2	80
	2009000006	2	80
	2009000003	2	80
	2009000021	2	79
	2009000009	2	79
	2009000013	4	89
	2009000007	4	89

图 2-18 例 2-25 查询结果

【例 2-26】 请查询管理系高级职称(副教授以上)的女教师有哪些。
SELECT * FROM teacher WHERE tsdept='管理系' and tglass IN ('副教授','教授');
显示结果如下：

	tno	tname	tsex	tsdept	tglass	tcsrq
▶	116	张小芳	女	管理系	副教授	1970-9-18
	129	郑桐	男	管理系	副教授	1985-4-5

图 2-19 例 2-26 查询结果

【例 2-27】 请查询 1980 年前还未解决高级职称的教师名单。

SELECT tname FROM teacher WHERE tglass NOT IN('副教授','教授') AND YEAR(tcsrq)＜1980;

显示结果如下：

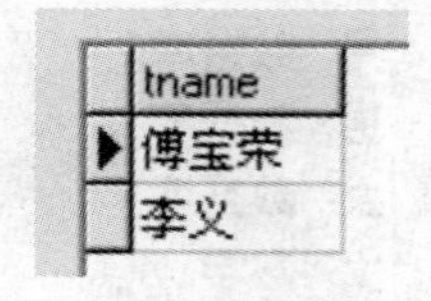

tname
傅宝荣
李义

图 2-20　例 2-27 查询结果

2.3.3　表连接操作

表之间的联系是通过的字段值来体现的，而这种字段通常称为连接字段。连接操作的目的就是通过加在连接字段的条件将多个表连接起来，达到从多个表中获取数据的目的。

【例 2-28】 查询每位同学选修的课程名和成绩。

```
SELECT sno,cname,grade
FROM sc,course
WHERE sc.cno=course.cno;
```

语句中，sc.cno＝course.cno 为条件，cno 为连接字段。表的连接操作可分为下列几种情况。

1. 等值连接

等值连接是指连接条件中的比较运算符是"＝"时的情形。

例 2-28 就为等值连接，这时往往是将两个关系公共字段值相等的那些行连接起来。

2. 非等值连接

连接条件中使用的除"＝"之外的比较运算符，则此连接为非等值连接(也叫 θ 运算)。

3. 外连接(＋)

上面介绍的连接操作中，不满足连接条件的行并不在查询结果中出现。有时候希望在连接操作以后，附上被取消的内容，这时用外连接运算符，在括号放进一个加号(＋)。(Access 不支持外连接运算方式)。

比较下列两个例题结果。

【例 2-29】 查询列出学生的学号，姓名，性别，课程名和成绩。

```
SELECT student.sno,sname,sex,cname,grade
FROM sc,course,student
WHERE student.sno=sc.sno AND sc.cno=course.cno;
```

显示结果如下：

sno	sname	sex	Cname	grade
2009000004	张立	男	数据库	90
2009000008	冯晓文	男	数据库	81
2009000005	李明	男	数据库	80
2009000001	李勇	男	数据库	92
2009000016	郭志文	男	数据库	72
2009000003	王名	女	数据库	78
2009000009	孙红梅	女	数学	79
2009000008	冯晓文	男	数学	68
2009000006	张小梅	女	数学	80
2009000003	王名	女	数学	80
2009000008	冯晓文	男	数学	87

图 2-21 例 2-29 查询结果

【例 2-30】 以学生表为主体，列出学生的学号，姓名，性别，课程名和成绩，即使没有成绩也要显示学生基本情况。

```
SELECT student.sno,sname,sex,cname,grade
FROM sc,course,student
WHERE student.sno=sc.sno(+) AND sc.cno=course.cno(+);
```

显示结果如下：

sno	sname	sex	cname	grade
2009000004	张立	男	数据库	90
2009000008	冯晓文	男	数据库	81
2009000005	李明	男	数据库	80
2009000001	李勇	男	数据库	92
2009000016	郭志文	男	数据库	72
2009000003	王名	女	数据库	78
2009000009	孙红梅	女	数学	79
2009000008	冯晓文	男	数学	68
2009000006	张小梅	女	数学	80
2009000003	王名	女	数学	80
2009000008	冯晓文	男	数学	87

图 2-22 例 2-30 查询结果

结果的最后一行的右边两列没有值，这一行在前一种连接操作中不会出现，所以有时将此行称为“白搭元组”或“陪衬元组”。

有些数据库(Access)不支持这种形式的外连接，可以采用如下形式：

表 1 LEFT OUTER JOIN 表 2 ON 连接条件，如例 2-30 可以采用如下语句完成：

SELECT *

FROM (student LEFT OUTER JOIN sc ON student. sno=sc. sno)LEFT OUTER JOIN course ON course. cno=sc. cno;

即先将 student 与 sc 进行外连接，然后将连接后的结果再和 course 进行外连接，得到的结果相同。

【例 2-31】 请查询为计算机系学生上课的非计算机系教师姓名及所在系。

SELECT tname,tsdept

FROM student,sc,teacher,course

WHERE student. sno=sc. sno AND sc. cno=course. cno AND course. tno=teacher. tno AND sdept='计算机系' AND tsdept<>'计算机系';

显示结果如下：

tname	tsdept
赵九涛	信息系
王海	信息系
郑红	管理系
王海	信息系

图 2-23 例 2-31 查询结果

【例 2-32】 请查询为计算机系学生上课的 3 个学分以上课程的任课教师姓名。

SELECT distinct tname

FROM student,sc,teacher,course

WHERE student. sno=sc. sno AND sc. cno=course. cno AND course. tno=teacher. tno AND sdept='计算机系' AND ccredit>3;

显示结果如下：

tname
范冰倩
李海龙
王海

图 2-24 例 2-32 查询结果

【例 2-33】 请查询选了数据库课程的学生名单及授课教师名单。

SELECT sname,tname

FROM student,sc,course,teacher

WHERE student. sno=sc. sno AND sc. cno=course. cno AND course. tno=teacher. tno AND cname='数据库';

显示结果如下：

sname	tname
张立	李海龙
冯晓文	李海龙
李明	李海龙
李勇	李海龙
郭志文	李海龙
王名	李海龙

图 2-25　例 2-33 查询结果

【例 2-34】 请查询所有职称是副教授的上课课程名及教师姓名。

```
SELECT cname,tname
FROM course,teacher
WHERE course.tno=teacher.tno AND tglass='副教授';
```

显示结果如下：

cname	tname
数据库	李海龙
信息系统	王海
数据处理	赵九涛

图 2-26 . 例 2-34 查询结果

【例 2-35】 请查询张立同学选修的课程名及名字只有三个字的杨姓教师姓名。

```
SELECT cname,tname
FROM student,sc,course,teacher
WHERE sc.cno=course.cno AND course.tno=teacher.tno AND student.sno=sc.sno AND sname='张立' AND tname LIKE '杨__'
```

显示结果如下：

cname	tname
操作系统	杨树昆

图 2-27　例 2-35 查询结果

【例 2-36】 请查询所有李姓教师所上的课程名及学生姓名。

```
SELECT cname,sname
FROM course,teacher,student,sc
WHERE student.sno=sc.sno AND sc.cno=course.cno AND course.tno=teacher.tno AND tname LIKE '李%';
```

显示结果如下：

cname	sname
数据库	张立
数据库	冯晓文
数据库	李明
数据库	李勇
数据库	郭志文
数据库	王名

图 2-28　例 2-36 查询结果

【例 2-37】 请查询给所有李姓同学上过课的李姓教师的同学及老师名单。

```
SELECT tname,sname
FROM student,sc,course,teacher
WHERE sc.cno=course.cno AND course.tno=teacher.tno AND student.sno=sc.sno AND sname LIKE '李%' AND tname LIKE '李%';
```

显示结果如下：

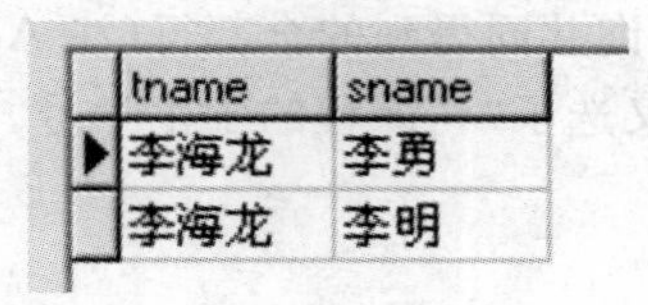

tname	sname
李海龙	李勇
李海龙	李明

图 2-29　例 2-37 查询结果

2.3.4　集合运算

表可以看成是一个元组(行)的集合，那么集合之间可以进行集合运算，Oracle 提供了包括集合运算的查询操作，包括集合并 UNION、集合交 INTERSECT 和集合差 MINUE。(Access 不支持集合运算方式)。

1. 集合并 UNION

UNION 返回各个查询所得到的全部不同的行。

【例 2-38】 找出选修“2”或“4”课程的学生号、课程号和成绩。

```
SELECT sno,cno,grade
FROM sc
WHERE cno='2'
UNION
SELECT sno,cno,grade
FROM sc
WHERE cno='4';
```

显示结果如下：

sno	cno	grade
2009000001	2	85
2009000001	4	80
2009000002	2	90
2009000003	2	80
2009000004	4	60
2009000006	2	80
2009000007	4	65
2009000007	4	89
2009000008	2	68
2009000008	2	87

图 2-30 例 2-38 查询结果

2. 集合交 INTERSECT

INTERSECT 返回各个查询共同得到的全部行(注 Access 无法实现该命令)。

【例 2-39】 找出选修“2”又选了“4”课程的学生学号。

```
SELECT sno
FROM sc
WHERE cno='2'
INTERSECT
SELECT sno
FROM sc
WHERE cno='4';
```

显示结果如下:

```
  sno
……——
  9900101
```

还可以用子查询的方式,实现上述结构,详见后边内容。

3. 集合差 MINUS

MINUS 返回前一个查询得到的而不在后一个查询结果之中的全部行(注 Access 无法实现该命令)。

【例 2-40】 找出选修“2”但没选了“4”课程的学生号。

```
SELECT sno
FROM sc
WHERE cno='2'
MINUS
```

```
SELECT sno
FROM sc
WHERE cno='4';
```

显示结果：

```
sno
……——
0000101
9900102
```

还可以用子查询的方式，实现上述结构，详见后边内容。

2.3.5　聚合和分组查询

SQL 提供了下列函数供查询时使用：

(1) COUNT(*)	计算元组的个数
COUNT(列名)	计算该列值的个数
COUNT(DISTINCT 列名)	计算该列值的个数，但不计重复列值
(2) AVG(列名)	计算该列的平均数
(3) SUM(列名)	计算该列的总和
(4) MAX(列名)	计算该列的最大值
(5) MIN(列名)	计算该列的最小值

【例 2-41】 计算课程“2”的平均成绩。

```
SELECT AVG(grade) AS 平均成绩
FROM sc
WHERE cno='2';
```

显示结果如下：

图 2-31　例 2-41 查询结果

【例 2-42】 统计每门课的选修人数。

```
SELECT cno,count(sno) AS 选修人数
  FROM sc
    GROUP BY cno;
```

显示结果如下：

cno	选修人数
1	6
2	11
3	11
4	9
5	1
6	1
7	1
8	1

图 2-32 例 2-42 查询结果

【例 2-43】 查询 2009 级平均成绩大于 90 分的同学的学号和平均成绩。

```
SELECT sno,AVG(grade) AS 平均成绩
  FROM sc
  WHERE sno LIKE '2009%'
    GROUP BY sno HAVING AVG(grade)>90;
```

HAVING 用在 GROUP 之后，主要是对分组后的每个组来设定条件，其与 WHERE 相比，WHERE 优先。

显示结果如下：

sno	平均成绩
2009000020	93

图 2-33 例 2-43 查询结果

【例 2-44】 查询李勇，刘晨两位同学的平均成绩，并用学号和平均成绩表示出来。

```
SELECT sc.sno,AVG(grade) AS 平均成绩 FROM sc,student WHERE sc.sno
=student.sno AND sname IN('李勇','刘晨') GROUP BY sc.sno;
```

显示结果如下：

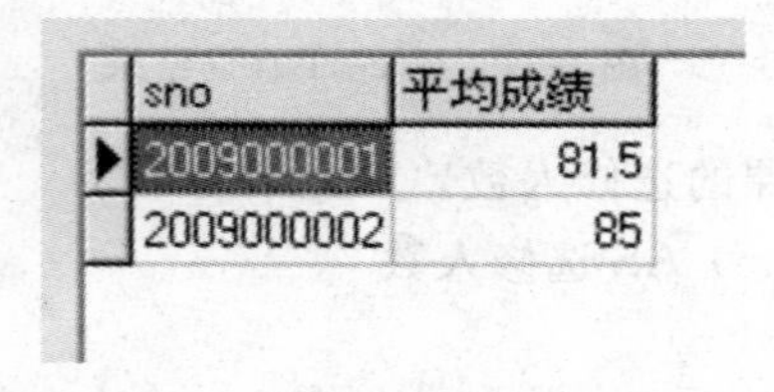

sno	平均成绩
2009000001	81.5
2009000002	85

图 2-34 例 2-44 查询结果

【例 2-45】 查询信息系仅选过一门课的同学学号。

```
SELECT sc.sno
FROM student,sc
```

WHERE student. sno＝sc. sno AND sdept＝'信息系' GROUP BY sc. sno HAVING COUNT(*)＝1;

显示结果如下：

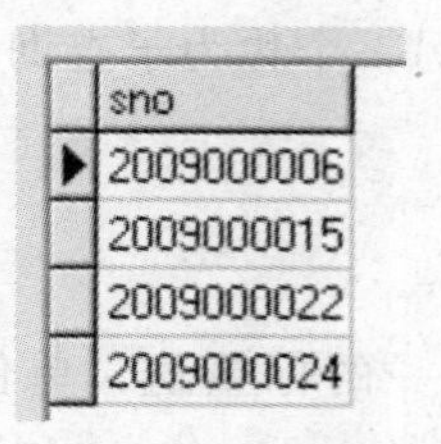

sno
2009000006
2009000015
2009000022
2009000024

图 2-35　例 2-45 查询结果

【例 2-46】 分别查询各个系的平均年龄和人数(当前年 2010)。

```
SELECT COUNT( * ),AVG(2010-YEAR(csrq))
FROM student
GROUP BY sdept;
```

显示结果如下：

Expr1000	Expr1001
9	21.7777777
8	21.875
8	22.75
7	22
7	:8571428571

图 2-36　例 2-46 查询结果

【例 2-47】 查询管理系人数比计算系人数多多少。

```
SELECT　COUNT( * )-(SELECT COUNT( * )　FROM student WHERE sdept
        ='计算机系')AS 相差人数
FROM student
WHERE sdept='管理系';
```

显示结果如下：

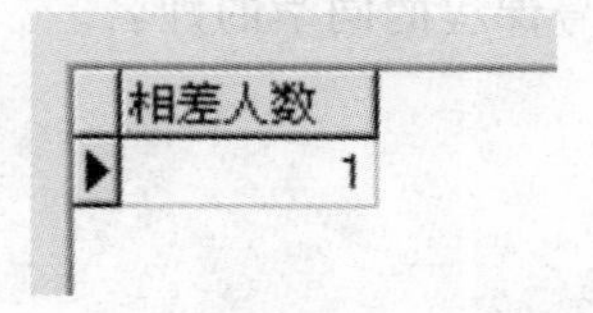

相差人数
1

图 2-37　例 2-47 查询结果

2.3.6 子查询

在 WHERE 子句中可以包含另一个称为子查询的查询，而且可以嵌套，以此将一系列简单查询构成复杂查询。

1. 返回标题值的查询

即查询返回的检索信息是单一的标量值。单值匹配多用＝引导，如 SNAME＝′刘晨′。

【例 2-48】 查询与刘晨在同一个系的学生情况。

```
SELECT *
FROM student
WHERE sdept=
(SELECT sdept
FROM student
WHERE sname='刘晨');
```

显示结果如下：

sno	sname	sex	sdept	csrq
2009000002	刘晨	女	信息系	1989-6-9
2009000004	张立	男	信息系	1989-6-7
2009000006	张小梅	女	信息系	1986-1-3
2009000015	扬菲	女	信息系	1987-3-8
2009000022	刘飞快	女	信息系	1989-6-9
2009000024	张立功	男	信息系	1989-6-7
2010000035	李扬菲	女	信息系	1987-3-8

图 2-38 例 2-48 查询结果

2. 返回关系的子查询

即子查询返回的是一个集合关系，用 IN 或 NOT IN 来引导。

【例 2-49】 查询选修了′2′号课程的同学的姓名。

```
SELECT sname
FROM student
WHERE sno IN
(SELECT sno
FROM sc
WHERE cno='2');
```

显示结果如下：

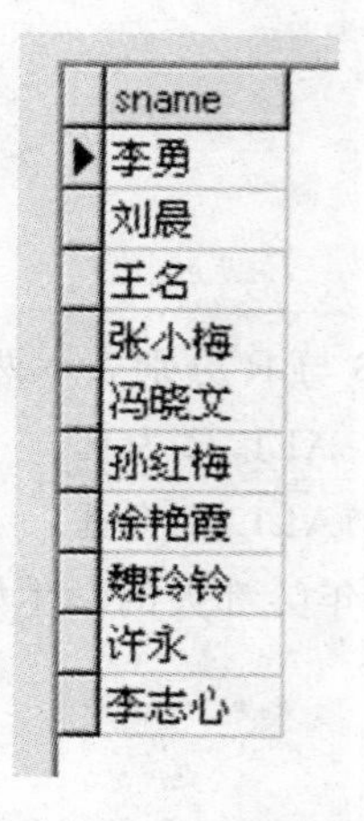

sname
李勇
刘晨
王名
张小梅
冯晓文
孙红梅
徐艳霞
魏玲铃
许永
李志心

图 2-39　例 2-49 查询结果

3. ANY 的用法

表示至少或某一个，设 S 与 R 分别表示两个集合：

若 S 比 R 中至少一个值大，则 S>ANY R 为真；

若 S 比 R 中至少一个值小，则 S<ANY R 为真。

【例 2-50】　查询比信息系某一学生年龄小的学生姓名。

```
SELECT sname
FROM student
WHERE YEAR(csrq)＞ANY
(SELECT YEAR(csrq)
  FROM student
  WHERE sdept='信息系');
```

显示结果如下：

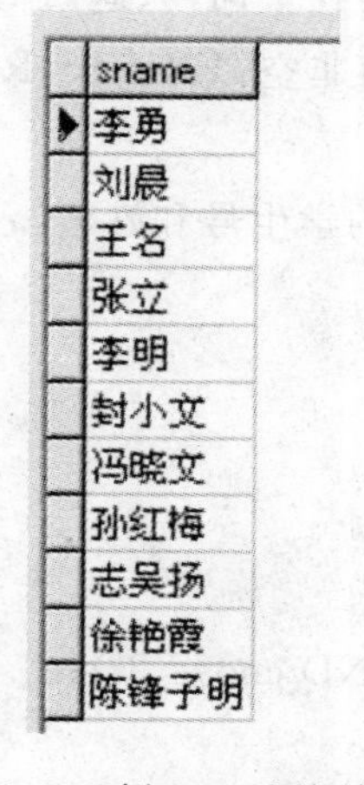

sname
李勇
刘晨
王名
张立
李明
封小文
冯晓文
孙红梅
志吴扬
徐艳霞
陈锋子明

图 2-40　例 2-50 查询结果

出生年越大意味年龄越小。

4. ALL 的用法

表示与所有数据进行比较，设 S 与 R 分别表示两个集合：
若 S 比 R 中每个值都大，则 S>ALL R 为真；
若 S 比 R 中每个值都小，则 S<ALL R 为真。

【例 2-51】 查询比管理系学生年龄都大的学生姓名。

```
SELECT sname
FROM student
WHERE YEAR(csrq)>ALL
(SELECT YEAR(csrq)
  FROM student
  WHERE sdept='管理系');
```

显示结果如下：

	sname
▶	赵永明

图 2-41　例 2-51 查询结果

5. EXISTS 的用法

EXISTS 与 NOT EXISTS 为存在量词，只返回“真”、“假”值。

设 R 为一集合，当且仅当 R 为非空，EXISTS R 为真，当且仅当 R 为空，NOT EXISTS 为真。

【例 2-52】 找出选修“2”课程的学生号和姓名。

```
SELECT sno,sname
FROM student
WHERE EXISTS
(SELECT *
FROM sc
WHERE sno=student.sno AND cno='2');
```

显示结果如下：

sno	sname
2009000001	李勇
2009000002	刘晨
2009000003	王名
2009000006	张小梅
2009000008	冯晓文
2009000009	孙红梅
2009000012	徐艳霞
2009000017	魏玲铃
2009000019	许永
2009000021	李志心

图 2-42　例 2-52 查询结果

【例 2-53】 找出选修了全部课程的学生学号，姓名。

即查询这样的学生，不存在他没有选过的课程。

```
SELECT sno,sname
FROM student
WHERE NOT EXISTS
  (SELECT *
  FROM course
  WHERE NOT EXISTS
  (SELECT *
  FROM sc
   WHERE sc.sno=student.sno AND sc.cno=course.cno));
```

显示结果如下：

sno	sname
2009000001	李勇

图 2-43　例 2-53 查询结果

【例 2-54】 查询同时选修了数据库及数学的同学的姓名。

```
SELECT sname
FROM student
WHERE sno IN(SELECT sno FROM sc WHERE sno IN(SELECT sno FROM sc
        WHERE cno IN (SELECT cno FROM course WHERE cname='数据
        库')) AND cno IN (SELECT cno FROM course WHERE cname=
        '数学'));
```

显示结果如下：

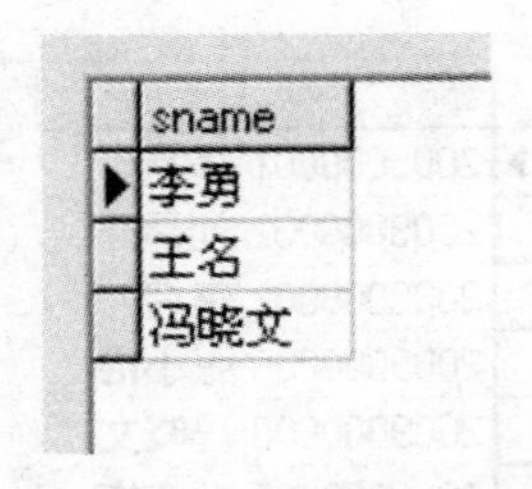

图 2-44 例 2-54 查询结果

【例 2-55】 查询选修了和王名一样学分数的其他同学姓名

```
SELECT sname
FROM student
WHERE sno IN(SELECT sno FROM sc,course WHERE sc.cno=course.cno
        GROUP BY sno HAVING SUM(ccredit)=(SELECT SUM(ccredit)
        FROM sc,course WHERE sc.cno=course.cno AND sno IN(SELECT
        sno FROM student WHERE sname='王名'))) AND sname<>'王名';
```

显示结果如下：

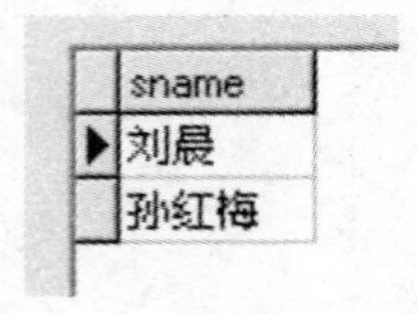

图 2-45 例 2-55 查询结果

【例 2-56】 查询选的课程数均比李明多的同学姓名。

```
SELECT sname
FROM student
WHERE sno IN (SELECT sno FROM sc GROUP BY sno HAVING COUNT(*)
        >(SELECT COUNT(*) FROM sc,student WHERE student.sno=sc.
        sno AND sname='李明'));
```

显示结果如下：

图 2-46 例 2-56 查询结果

【例 2-57】 查询没有选数据库的学生学号(不许有重复学号)。

```
SELECT distinct sno
FROM student
```

WHERE sno NOT IN (SELECT sno FROM sc WHERE cno IN(SELECT cno
　　FROM course WHERE cname='数据库'));

显示结果如下：

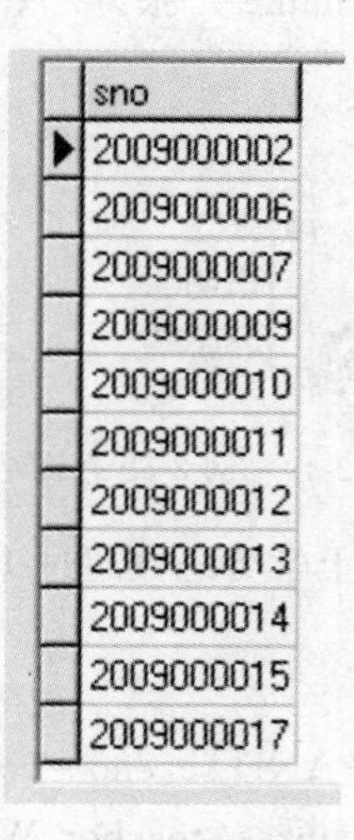

sno
2009000002
2009000006
2009000007
2009000009
2009000010
2009000011
2009000012
2009000013
2009000014
2009000015
2009000017

图 2-47　例 2-57 查询结果

【例 2-58】　查询计算机系没有选李海龙教师师课的学生姓名。

SELECT sname
FROM student
WHERE sno NOT IN(SELECT sc. sno FROM sc,course,teacher WHERE sc. cno
　　=course. cno AND course. tno= teacher. tno AND tname='李海龙')
　　AND sdept='计算机系';

显示结果如下：

sname
志吴扬
许永
李志心
杨吴扬
赵志文
赵永明

图 2-48　例 2-58 查询结果

【例 2-59】　查询选了李海龙老师课的没选张涛老师课的学生姓名。

SELECT sname
FROM student,sc,course,teacher
WHERE course. cno=sc. cno AND student. sno=sc. sno AND course. tno=teach-

er. tno AND tname='李海龙' AND sc. sno NOT IN(SELECT sc. sno FROM sc,course,teacher WHERE course. cno=sc. cno AND course. tno=teacher. tno AND tname='张涛'）;

显示结果如下：

sname
张立
李明
郭志文

图 2-49　例 2-59 查询结果

【例 2-60】 查询李海龙教师班上学分总数超过 10 个的同学名单及学分数。

```
SELECT sname,sum(ccredit)
FROM student,sc,course
WHERE student. sno=sc. sno AND sc. cno=course. cno AND student. sno IN(se-
    lect sno FROM sc,course,teacher WHERE course. cno = sc. cno AND
    course. tno = teacher. tno AND tname='李海龙' ) GROUP BY sname
    HAVING SUM(ccredit)>10;
```

显示结果如下：

sname	Expr1001
冯晓文	12
李勇	22

图 2-50　例 2-60 查询结果

【例 2-61】 查询比李勇年龄大一倍及以上的任课教师姓名(当前年 2011)。

```
SELECT tname,2011-YEAR(tcsrq)
FROM teacher
WHERE (2011-YEAR(tcsrq))/(SELECT 2011-YEAR(csrq) FROM student
        WHERE sname='李勇')>=2;
```

显示结果如下：

tname	Expr1001
杨树昆	48
蔡保强	47

图 2-51　例 2-61 查询结果

【例 2-62】　查询所有选过课的但没选过张涛老师课的学生姓名。

```
SELECT sname
FROM student
WHERE sno NOT IN(SELECT sc.sno FROM sc,course,teacher WHERE sc.cno
        =course.cno AND course.tno=teacher.tno AND tname='张涛');
```

显示结果如下：

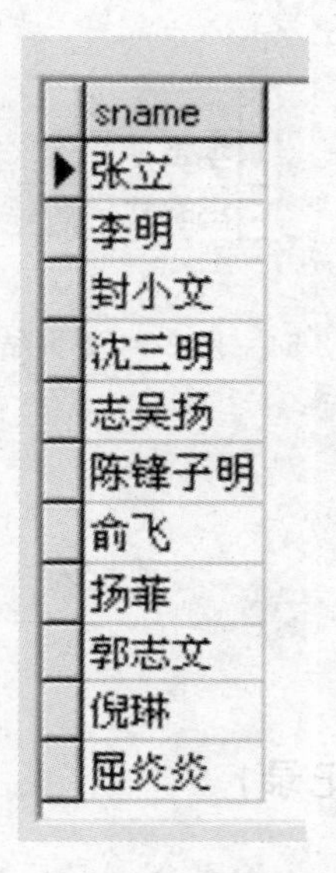

sname
张立
李明
封小文
沈三明
志吴扬
陈锋子明
俞飞
扬菲
郭志文
倪琳
屈炎炎

图 2-52　例 2-62 查询结果

【例 2-63】　查询管理系男生平均成绩比文传系男生的平均成绩高的人数有多少？

```
SELECT COUNT(*) AS 相差人数
FROM (SELECT sc.sno FROM student,sc
WHERE student.sno=sc.sno AND sdept='管理系' AND sex='男' GROUP BY
        sc.sno HAVING AVG(grade)>(SELECT AVG(grade) FROM student,
        sc WHERE student.sno = sc.sno AND sdept ='文传系' AND sex
        ='男'));
```

显示结果如下：

相差人数
2

图 2-53　例 2-63 查询结果

【例 2-64】　查询和王名同学选的课一样的其他同学名单（包含王名同学的课程即可）。

```
SELECT sname
FROM student
```

```
WHERE sno IN(SELECT DISTINCT sno FROM sc scx WHERE NOT EXISTS
        (SELECT * FROM sc scy WHERE scy.sno IN(SELECT student.sno
        FROM student WHERE sname='王名') AND NOT EXISTS (SELECT
        * FROM sc scz WHERE scz.sno=scx.sno AND scz.cno=scy.cno)))
        AND sname <>'王名';
```

显示结果如下：

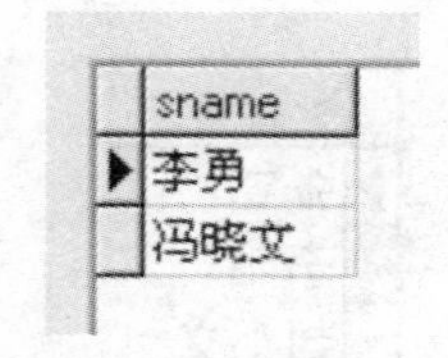

图 2-54 例 2-64 查询结果

2.4 SQL 数据操纵

2.4.1 向表中插入新行(记录)

1. INSERT 命令的语法格式

INSERT INTO <表名>[(<列名 1>[,<列名 2>…])]
VALUSE(<表达式 1>[,<表达式 2>…]);

2. 命令说明

插入整行数据时可以不指定“列名”。插入部分列数据时，必须指定“列名”，“列名”和“表达式”要一一对应，未指定列取空值或默认值。主键列和非空列必须指定。字符型数据和日期数据要用单引号引起来，数字型数据则直接给出即可。

【例 2-65】 在学生表中插入一新生记录。

```
INSERT INTO student (sno,sname,sex,sdept,cspq)
        VALUES ('99001032','柳丽利','女','计算机',
            TO_DATE('1981/03/25', 'yyyy/mm/dd'));
```

或

```
INSERT INTO student
        VALUES ('99001032','柳丽利','女','计算机',
            TO_DATE('1981/03/25', 'yyyy/mm/dd'));
```

【例 2-66】 创建一总分表 t_score，存放各科的总成绩。

建表：CREATE TABLE t_score(cno CHAR(4),total NUMBER(5,2));

插入数据：
```
INSERT INTO t_score(cno,total)
        (SELECT cno,SUM(grade)
           FROM sc
           GROUP BY cno);
```

查看结果：SELECT * FROM t_score;
```
cno      total
...-.........-
1          175
2          268
3          163
4          78
```

2.4.2　表中记录更新(UPDATE)

1. UPDATE 命令的语法格式

UPDATE ＜表名＞
SET　＜列名 1＞＝＜表达式 1＞[,＜列名 2＞＝＜表达式 2＞…]
[**WHERE**＜逻辑条件＞];

2. 命令说明

修改指定基表中满足(WHERE)逻辑条件的元组，即用表达式的值取代相应列的值。

【例 2-67】 将课程“2”的成绩提高 10%。
```
UPDATE sc
SET grade=grade * 1.1
WHERE cno='2';
```
系统提示：

RECORD UPDATED

说明一条记录已被修改，如果忽略 WHERE 子句，则表中的全部行将被修改。还可以在 UPDATE 中使用嵌套子查询和相关子查询。

【例 2-68】 将课程“2”中成绩低于平均分的学生成绩提高 10%。
```
UPDATE sc
SET grade=grade * 1.1
WHERE cno='2' AND
    Grade<(SELECT AVG(grade)
             FROM sc
             WHERE cno='2');
```

2.4.3 删除表记录(DELETE)

1. DELETE 命令语法格式

DELETE FROM<表名>
[WHERE<条件>];

2. 命令功能

从表中删掉一个或多个行。

【例 2-69】 删除姓名为“柳丽利”的学生数据。

```
DELETE FROM student
WHERE sname='柳丽利';
```

【例 2-70】 全部删除选课表。

```
DELETE FROM sc;
```

【例 2-71】 删除课程“2”中成绩低于平均分的学生记录。

```
DELETE FROM sc
WHERE cno='2' AND grade<(SELECT AVG(grade)
                         FROM sc
                         WHERE cno='2');
```

如果忽略 WHERE 子句,则表的全部行被删去,DELETE 只能进行整行整行的删除,而不能对行中的一部分进行删除,部分删除只能由 UPDATE 将要删除部分置为空来完成。DETELE 也会引起系统对表上所建索引的修改。

2.5 SQL 数据控制

数据库管理系统是一个多用户系统,为控制用户对数据的存取权限,保持数据的共享和完整性,SQL 语言提供了一系列的数据控制功能。其中主要包括:安全性控制、完整性控制、事务控制和并发控制。

数据的安全性是指保护数据库,以防止非法的使用造成数据泄露和破坏。保证数据安全性的主要方法是对数据库的存取权限加以限制来防止非法使用数据库中的数据。即限定不同的用户操作不同的数据对象的权限,并控制用户只能存取他有权存取的数据。不同用户对数据库数据拥有何种权限,是由 DBA 和数据表创建者根据实际需要设定。SQL 语言则为 DBA 和表的创建者定义和回收权限提供了 GRANT(授权)和 REVOKE(收回)语句。

数据库的完整性是指数据的正确性和相容性,这是数据库理论中的重要概念。完整性控制的主要目的是防止语义上不正确的数据进入数据库。关系系统中的完整性约束条件包括实体完整性、参照完整性和用户定义完整性。而完整性约束条件的定义主要是通过 CREATE TABLE 语句的 CHECK、UNIQUE 和 NOT NULL 等完整性约束完成。

事务是并发控制的基本单位,也是恢复的基本单位。在 SQL 中支持事务的概念。事务是用户定义的一个操作序列集合,这个序列要么都做,要么一个都不做,是一个不可分割的整体。一个事务通常以 BEGIN TRANSACTION 开始,以 COMMIT(提交)或 ROLLBACK(回滚)结束。

数据库作为共享资源,允许多个用户程序并行存取数据。当多个用户并行的操作数据库时,需要通过并发控制对它们加以协调、控制,以保证并发操作的正确执行,并保证数据的一致性。在 SQL 中,并发控制采用封锁技术实现,当一个事务欲对某个数据对象操作时,可申请对该对象加锁,取得对数据对象的控制,以限制其他事务对该对象的操作。

SQL 语言提供的数据控制功能,能在一定程度上保证数据库的安全性,完整性,并提供了一定的并发控制和恢复能力。在此简要介绍权限的授予和收回语句。

存取权控制包括权限的授予、检查和撤销。权限的授予由 DBA 和特权用户使用。系统在对数据库操作前,先核实相应用户是否有权在相应数据上进行所要求的操作。

1. GRANT 语句

SQL 语言用 GRANT 语句向用户授予操作权限,其一般格式为:

GRANT ＜权限＞[＜权限＞…]
[ON ＜对象类型＞＜对象名＞]
TO ＜用户＞ [＜用户＞…]
[WITH GRANT OPTION];

WITH GRANT OPTION 该项为可选项,选择该项则代表将授予权限也同时给了指定用户。

【例 2-72】 把 sc 表和 course 表的所有权限授予 SYSuser。

GRANT ALL ON TABLE sc,course TO SYSuser;

【例 2-73】 把 sc 表的查询和插入权限授予 user1,并可以转授给其他用户。

GRANT SELECT,INSERT ON TABLE sc TO user1 WITH GRANT OPTION;

即 user1 不仅拥有了对表 sc 的 SELECT,INSERT 权限,而且还拥有了将该权限授予其他用户的权限。

2. REVOKE 语句

SQL 语言用 REVOKE 语句向用户收回操作权限,其一般格式为:

REVOKE ＜权限＞[＜权限＞…]
[ON ＜对象类型＞＜对象名＞]
FROM ＜用户＞ [＜用户＞…];

【例 2-74】 收回所有用户对 sc 表的查询权限。

REVOKE SELECT ON TABLE sc FROM PUBLIC;

本章小结

SQL 语言是本教材的重点，它是访问数据库的核心语言。本章通过列举了大量的实例，来介绍 SQL 语言的定义、查询、修改、删除、控制等各种命令的使用，这为后面应用软件的开发打下了基础。

SQL 语言的定义部分包括对数据表、视图、索引的建立、修改及删除操作。

SQL 语言的查询包括单表查询、多表查询、子查询、统计查询等等。

SQL 语言的操作包括对数据表的插入、修改、删除操作。

SQL 语言诉控制包括创建用户、访问权限分配等。

关于如何实现嵌入 SQL 命令，本教材将重点在第 3 章应用案例中予以介绍。

本章重点：SQL 查询部分，熟练掌握各类掌握方式。

第 3 章

基于 C＋＋BUILDER 的应用案例分析

数据库技术主要是数据库的设计和数据库的访问，将二者掌握后，下一步就是如何将其应用到实际应用案例中去。本章主要是针对如何将前面所学的 SQL 语言嵌入到实际应用案例中来具体进行分析，使大家学会应用程序设计语言、数据库来进行应用软件的设计，从而真正搞清数据库设计的全部过程以及其在工程项目中是如何进行应用的，本章的几个案例都是以 C＋＋BUILDER 作为开发工具的，其中分别结合了 Access，SQL Server，Oracle 三种不同的数据库来设计的。

3.1 基于 Access 的简单的学生信息管理系统

这个案例作为我们应用案例的入门案例，通过它让我们先来熟悉一下 C＋＋BUILDER 表单的设计方法，数据库的连接方法，以及一般的查询访问数据库的方法，这为今后再接触更为复杂的实际案例打下基础。

3.1.1 系统功能需求

如图 3-1 所示，简单的学生信息管理系统包括以下几个部分：

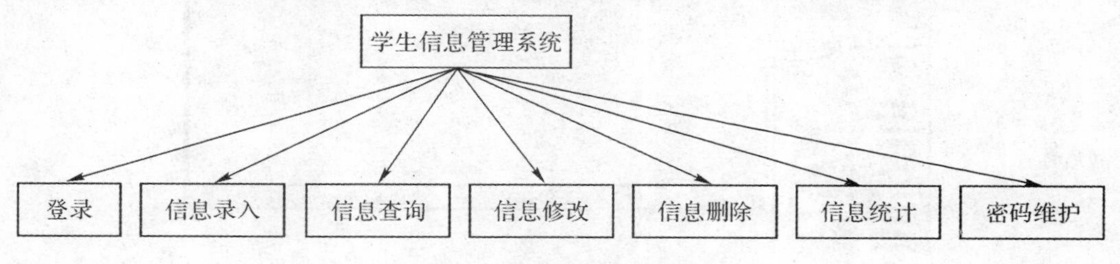

图 3-1 学生信息管理系统

（1）设计一个登录窗口，负责验证学生登录的账户名，密码。

（2）学生信息录入系统主要完成学生信息的录入（将学号、姓名、性别、年龄、籍贯等加到 STUDENT 表中)。

(3) 学生信息查询,主要完成可以通过学号、姓名等查证到学生的相关信息(提高点,也可以查询学生成绩)。

(4) 学生信息修改:可以修改已录入的学生相关信息。

(5) 学生信息删除:可以按学号删除学生相关信息(提高点,同时删除其他表中该学生相关信息)。

(6) 信息统计:可统计学生人数,平均成绩,课程数目。

(7) 密码维护:可对个人账户密码进行修改。

3.1.2 数据库的设计

下面用 Access 数据库管理系统建一 xskc.mdb 数据库,内含如下四张表:

student 学生表

course 课程表

sc 选课表

mm 密码表

每张表的具体结构请参见第 2.2 节,本案例我们主要围绕学生信息管理来进行设计。

3.1.3 C++BUILDER 6.0 环境简介

本系统采用 C++BUILDER 6.0 环境,进入 C++BUILDER 环境如图 3-2 所示。

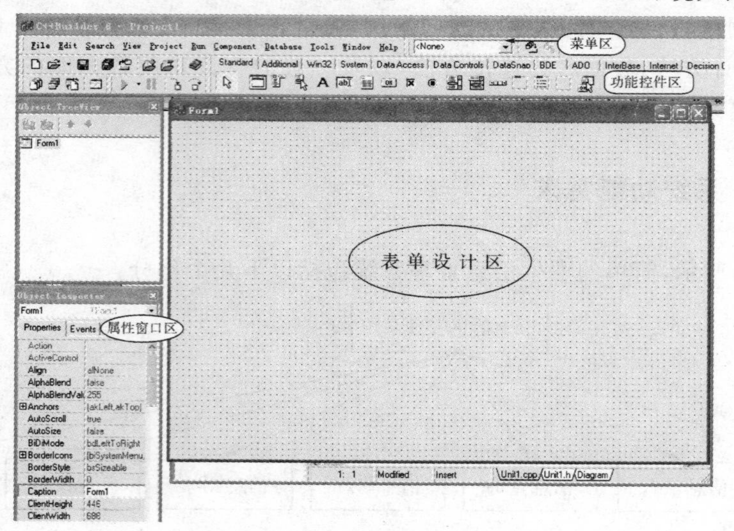

图 3-2 C++BUILDER 运行环境

由图中可以看出,C++BUILDER 运行环境主要分为四大部分:

(1)菜单区:执行 C++BUILDER 相关的管理命令。

(2)功能控件区:提供设计表单的各种控件及数据接口。

(3)属性区：对于各种控件的属性设置。

(4)表单设计区：用于程序的表单设计。

1. 建立新表单

如图3-3所示，选择“File”→“New”→“Form”命令，产生新表单。建立好的新表单自动命名为Form2。

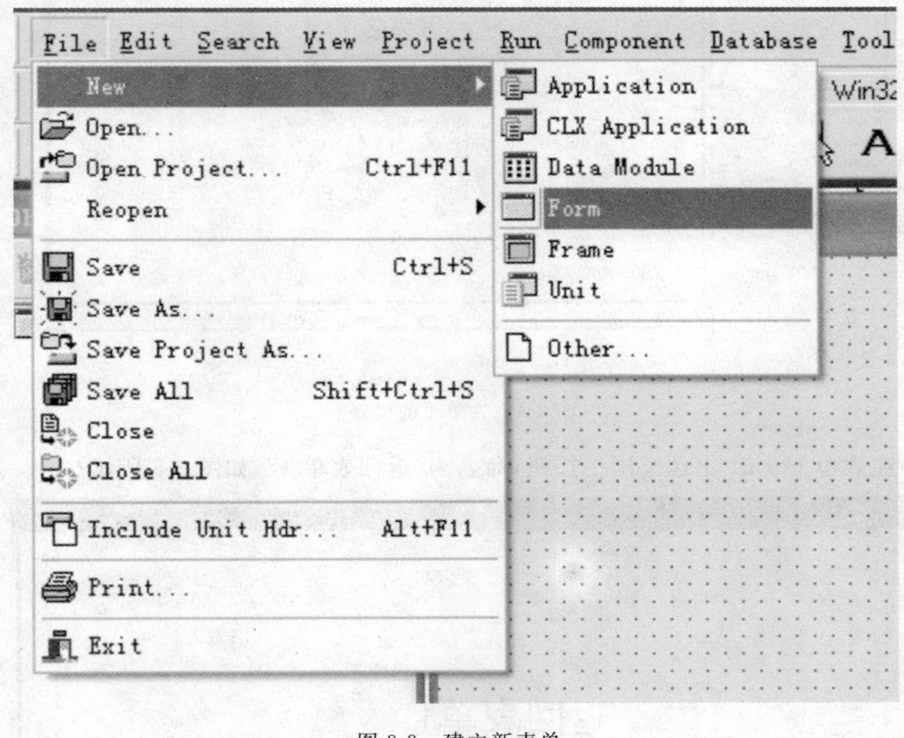

图3-3　建立新表单

2. 表单之间的相互调用

C++BUILDER中的表单之间相互调用命令采用如下形式：

假设从表单Form1调用表单Form2

先要装入Form2的库文件即include # unit2.h，然后

调用Form2命令：Form2—>Show()；

隐藏Form1命令：Form1—>Hide()。

(1)如图3-4所示，在表单Form1建立一按钮，并命名为“调表2”，按钮的文字可通过左边属性窗口的Caption属性设置，文字大小及字型等通过Font属性设置。

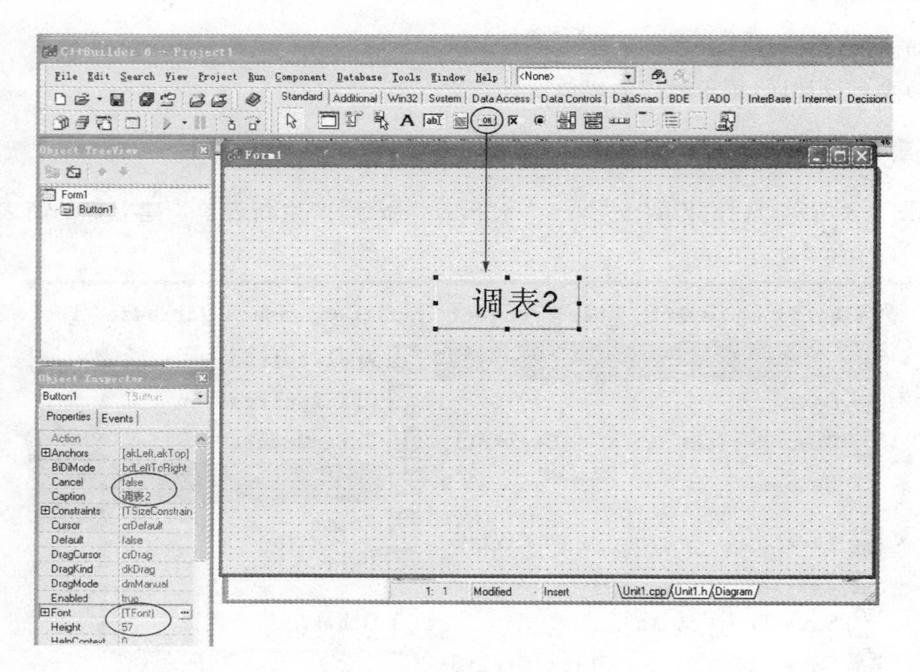

图 3-4　表单 1 的设置

(2)在表单 Form2 上建立同一按钮,命名为“返回表单 1”,如图 3-5 所示。

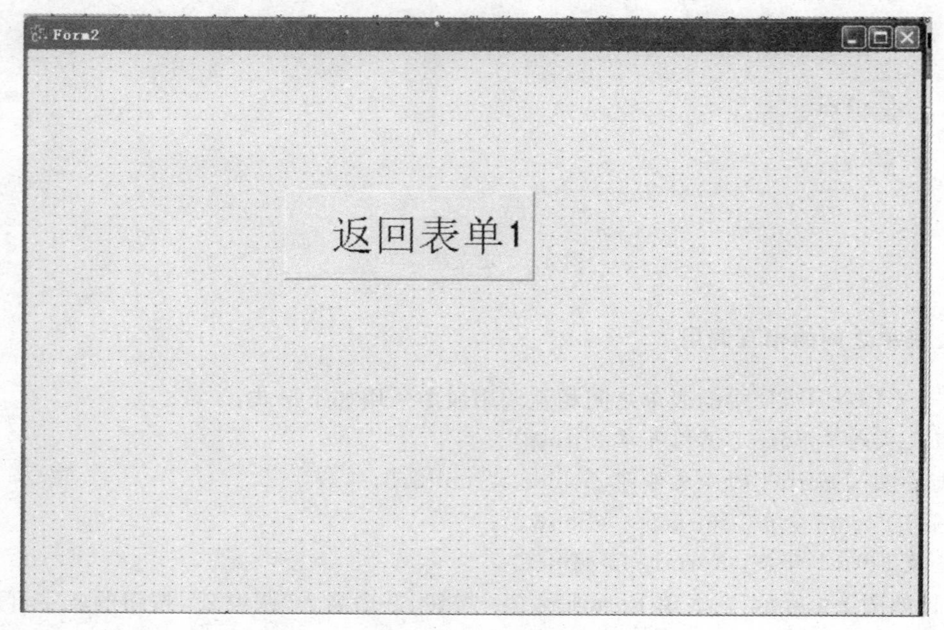

图 3-5　表单 2 设置

(3)回到表单 1,双击表单窗体出现如图 3-6 所示的程序代码窗口,在相应的位置加入 include ＃ unit2. h。

(4)双击表单一中的“调表 2”按钮,出现如图 3-7 所示的程序窗口,在其中输入如下语句:

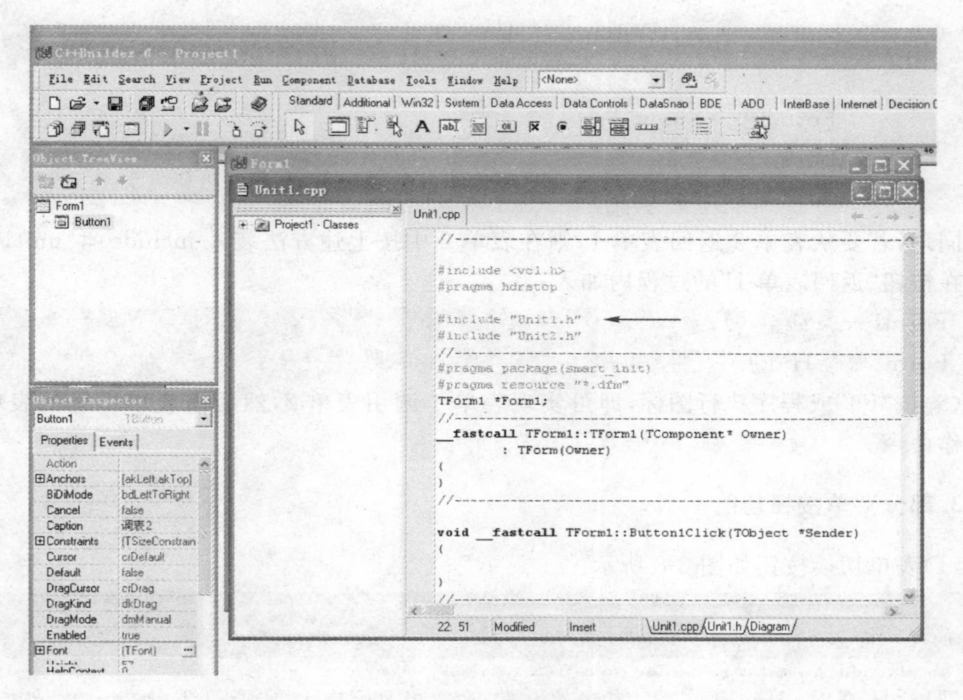

图 3-6　加入程序代码

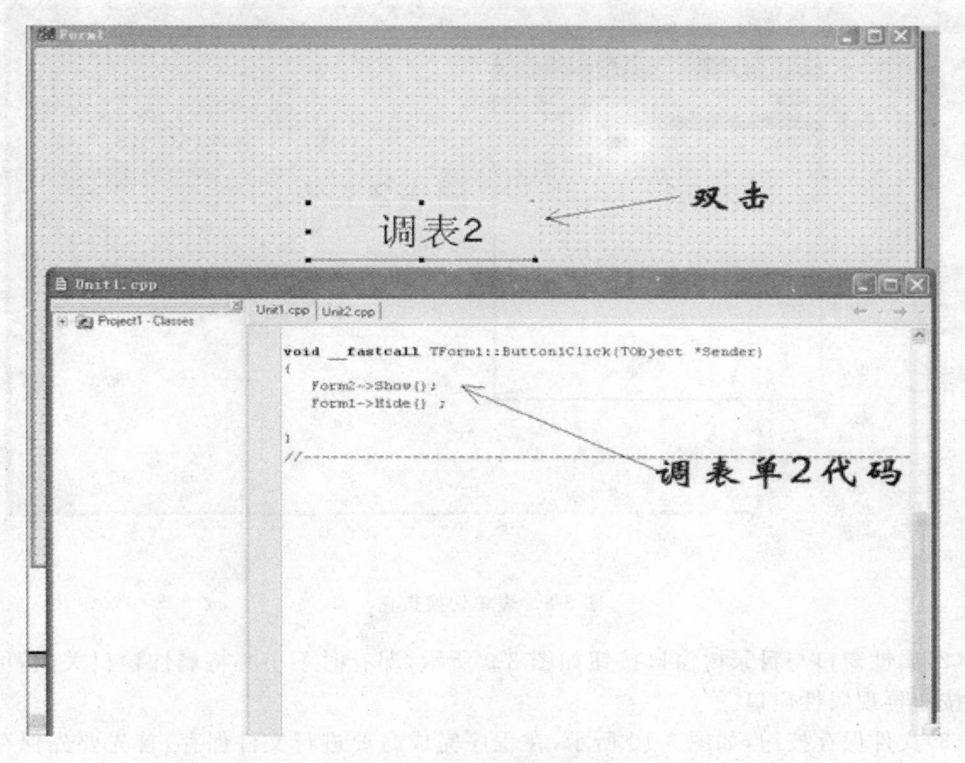

图 3-7　表单调用代码窗口

```
Void_fastcall TForm1::Bution1 click (Tob ject * sender)
    {
        Form2—>Show();
        Form1—>Hide();
    }
```

同理,若要从表单 2 返回表单 1,则在表单 2 中按上述方法装入 include ＃ unit1. h,然后在按钮“返回表单 1”的过程内加入:

```
Form1—>Show();
Form2—>Hide();
```

(5)按“F9”或程序执行图标,即可实现表单 1 调用表单 2,然后由表单 2 返回表单 1 的操作命令。

3. 部分菜单按钮功能

(1)表单切换按钮如图 3-8 所示。

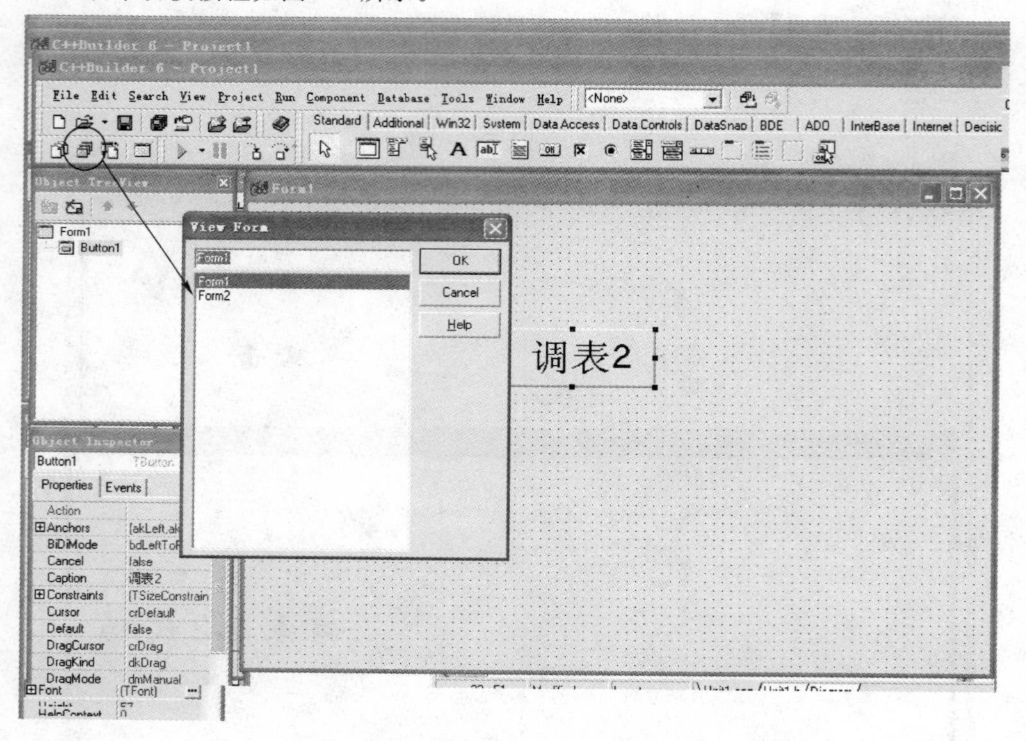

图 3-8　表单切换按钮

(2)属性窗口与目录树窗口按钮如图 3-9 所示,即有时不小心将属性窗口关闭,可通过此按钮再现属性窗口。

(3)文件保存按钮,如图 3-10 所示,在程序完成时要进行文件保存,首先要先保存工程文件,然后再按提示依次保存表单文件。

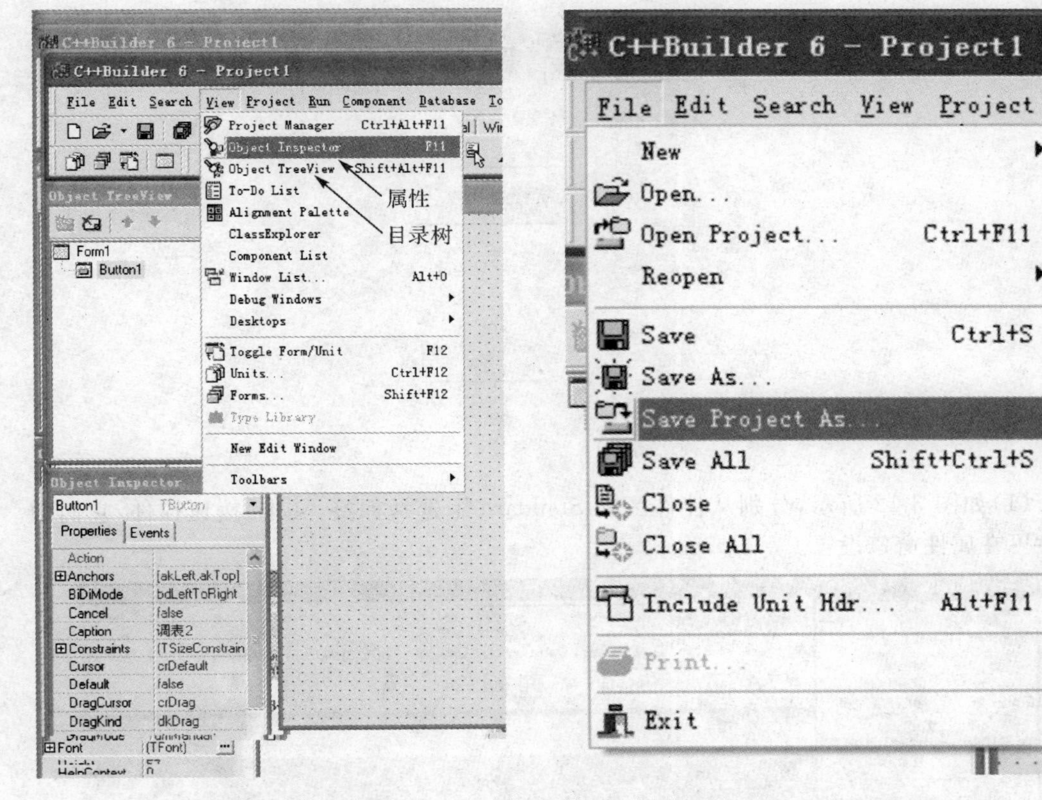

图 3-9　属性、目录树按钮　　　　图 3-10　文件保存按钮

①Save Project As 是保存工程文件，如果希望 C++的文件保存到自己想要的目录下，需要单击此按钮，系统会依次保存各表单文件如 unit1. cpp，unit2. cpp…，最后会提示保存工程文件 Project1. bpr 文件，如果不单击此按钮，系统会在缺省目录下保存相应的文件。

②Save 保存当前的表单文件，如 unit1. cpp。

③Save As 另存当前的表单文件。

3. 1. 4　简单学生信息管理系统的设计

下面按照学生信息系统的功能结构(图 3-1)，依次介绍学生信息系统各表单的设计过程。

1. 登录窗口的设计

登录窗口，是本软件的门户，当用户使用本软件时，必须通过登录窗口认证，才能进入软件系统，登录窗口设计如图 3-11 所示。

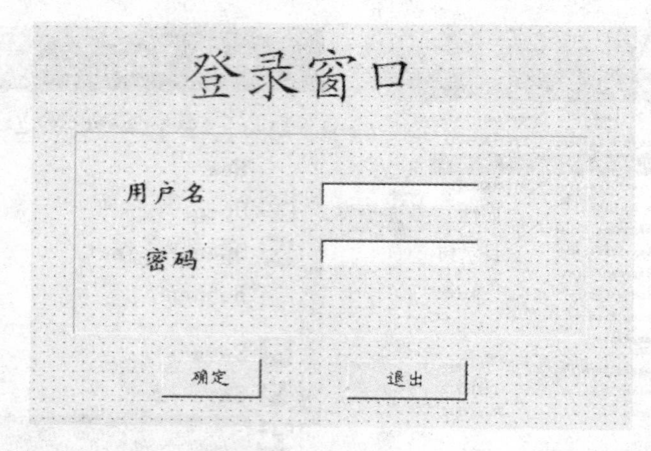

图 3-11　登录窗口

(1)如图 3-12 所示,分别从控件区的 Standard 下选择标签,文本,按钮控件,它们的属性可在属性窗口设置。

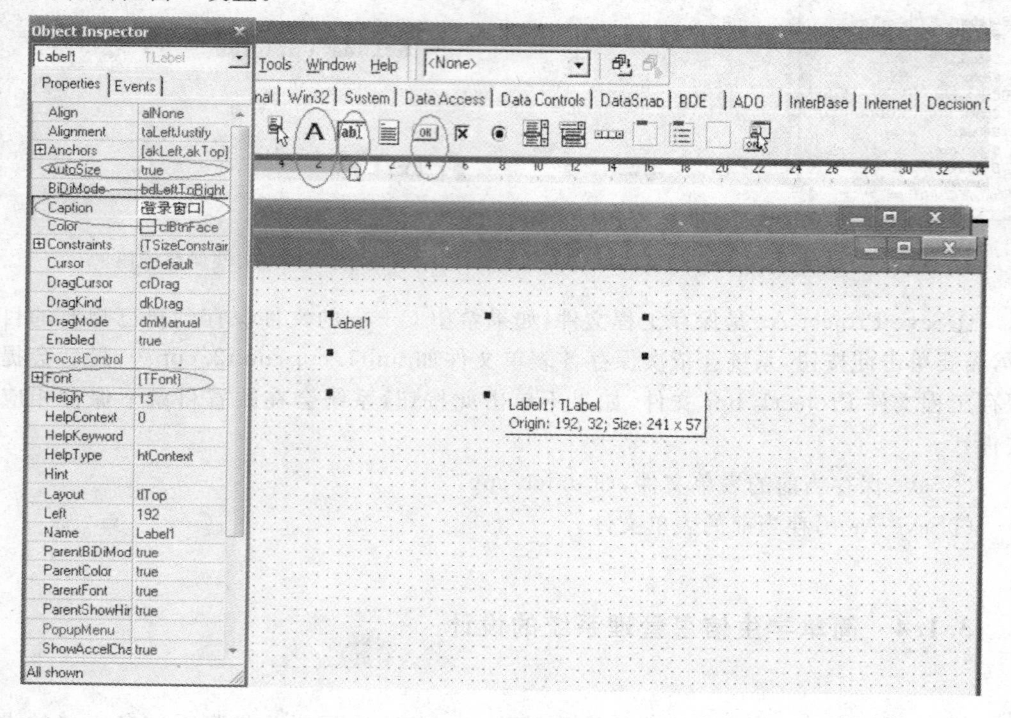

图 3-12　工具设置

其中一些属性值说明如下:

①Caption 属性表示文件说明,如用户名、密码。

②AutoSize 代表设置控件是自动方式还是手动方式,如果其值为 True,则系统规定宽度,如果其值为 False,则宽度由用户定义。Font 设置文件的字形和大小。

③PasswordChar 文本框。如果想以暗码如"*"的方式显示密码,需要设置该属性为"*",则执行时,在文本框内无论输入什么字符,均显示"*"。

(2)设计好登录窗口的表单后,下面就要进行数据库的连接了,数据库的连接这里要用到两个控件:第一个控件是控件区中 ADO 下的 ADOQuery1,见图 3-13;第二个控件是控件区中 DataAccess 下的 Datasource,见图 3-14。

(3)下边设置第一个控件 ADOQuery1 的属性,如图 3-15 所示,选中 ADOQuery1 图标,然后在左边属性栏的 ConnectionString 属性中进行设置,注意这里用的是 Access 数

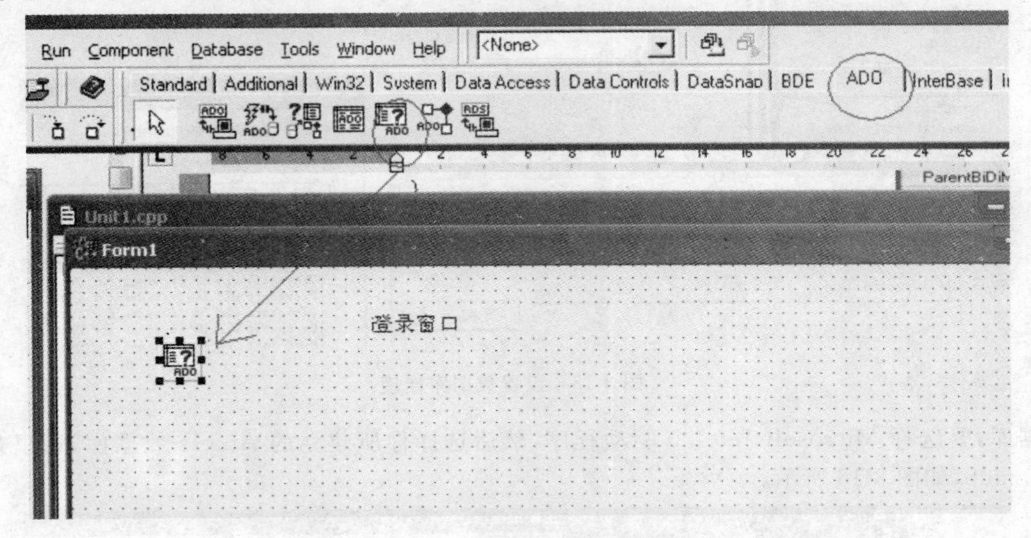

图 3-13　数据库连接图标

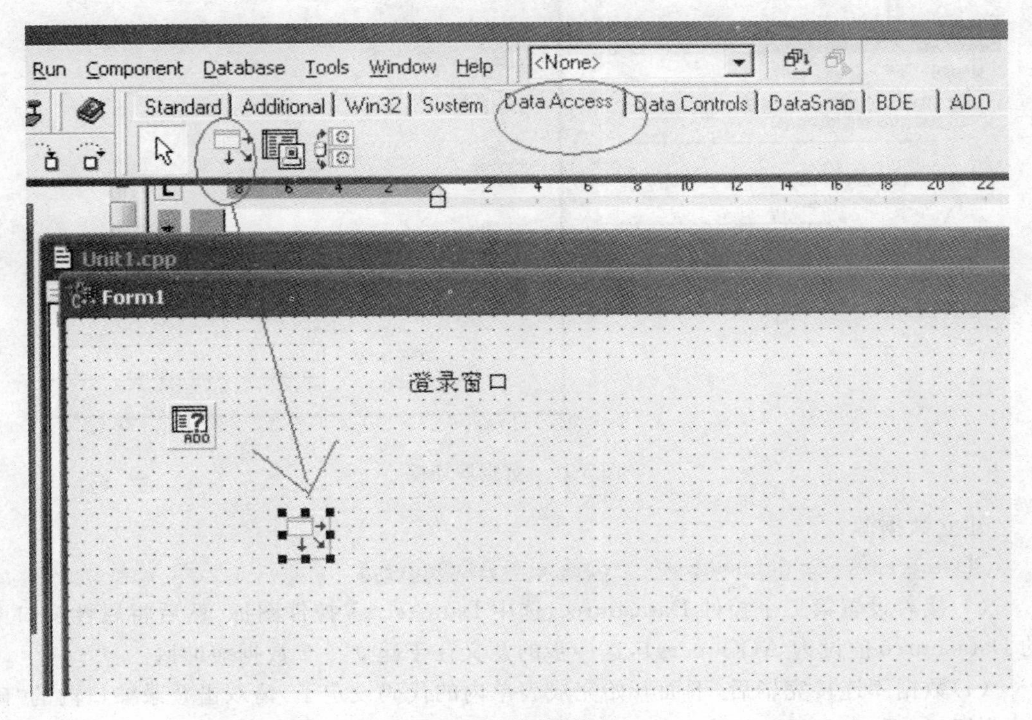

图 3-14　数据源图标

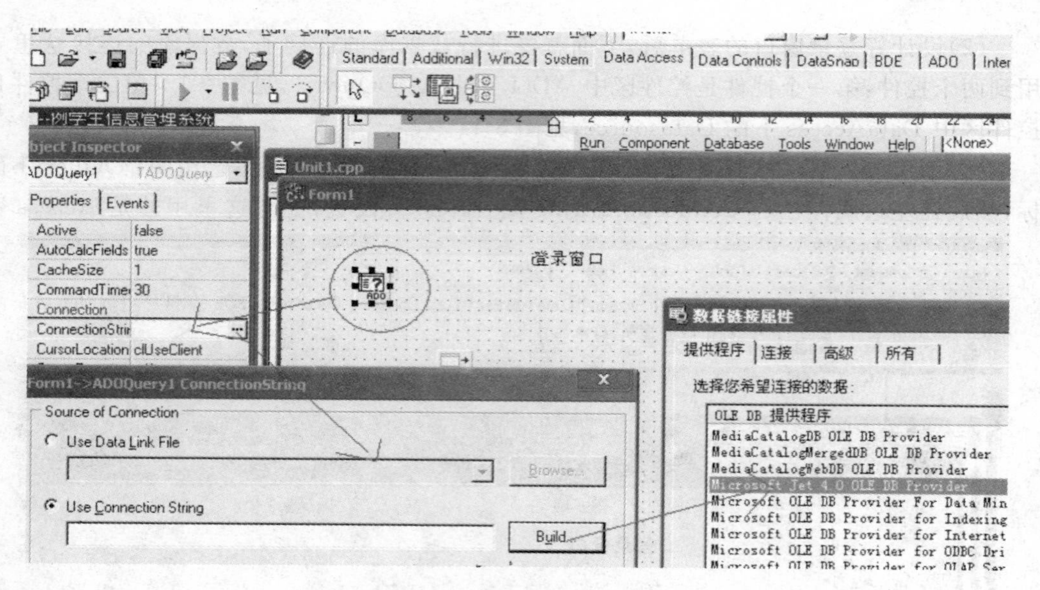

图 3-15　设置数据库连接

据库，要选择 Microsoft Jet 4.0 驱动程序，然后选择你所建立的 Access 数据库，这里是 1.mdb，如图 3-16 所示。

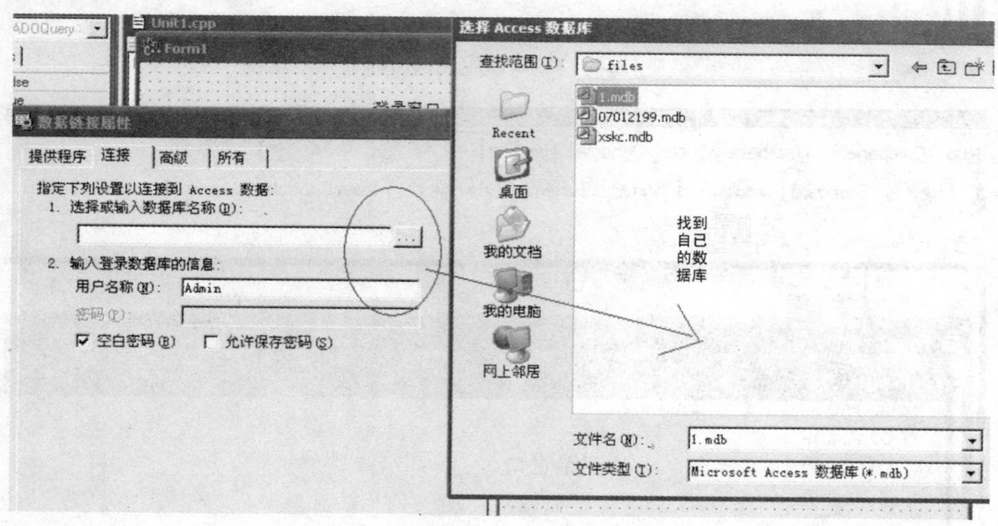

图 3-16　数据库连接

建立数据源：

Dataaccess—>datasource—>dataset=ADOquery1

(3)接着设置第二个控件 Datasource，选中 DataAccess 控件图标，然后将属性窗口中的 Datasource 值设为 ADOquery1，这一步的意义在于建立一个数据缓冲区。

(4)数据库连接完毕后，下面开始完成表单内的代码设定了，请双击登录窗口内的“确定”按钮，如图 3-17 所示。并在其过程中输入如下语句：

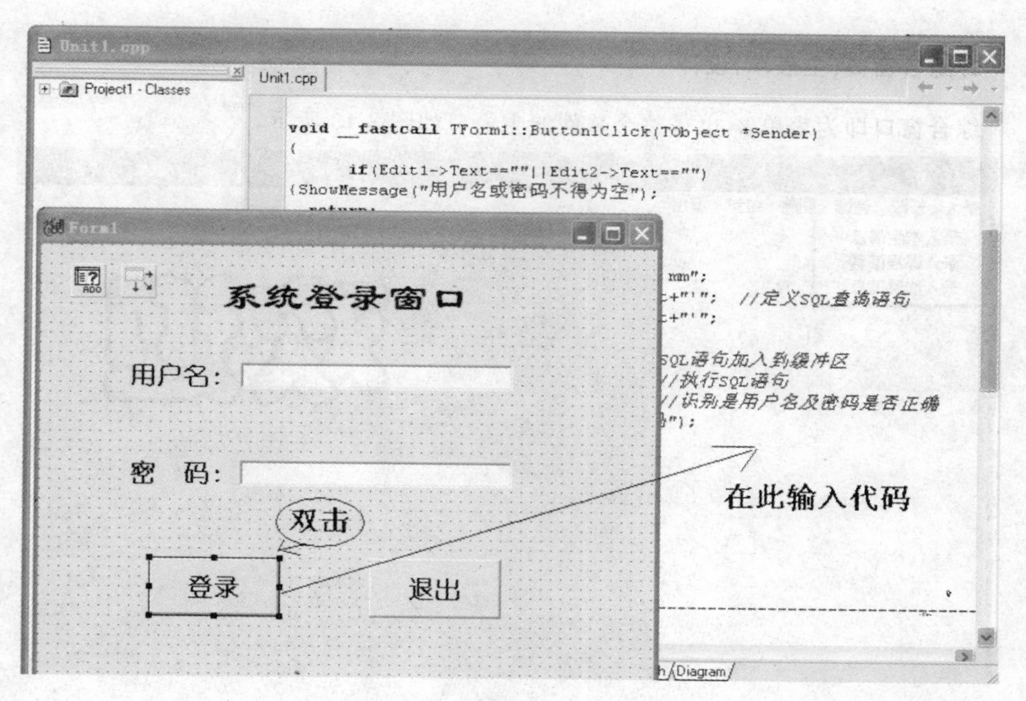

图 3-17　登录代码

```
//识别密码为空时的情况
   if(Edit1—>Text == ""||Edit2—>Text == "")
    {ShowMessage("用户名或密码不得为空");
      return;
    }
  //从数据库中读密码语句
    AnsiString an1 = "select * from mm";
    an1 += " where user1 = '" + Edit1—>Text + "'";  //定义 SQL 查询语句
    an1 += " and password1 = '" + Edit2—>Text + "'";
      ADOQuery1—>SQL—>Clear();
    ADOQuery1—>SQL—>Add(an1);      //将 SQL 语句加入到缓冲区
    ADOQuery1—>Open();              //执行 SQL 语句
    if (ADOQuery1—>RecordCount == 0)  //识别是用户名及密码是否正确
     { ShowMessage("非法用户名或密码"); //出错提示窗口
       return;
     }
    else{
      Form1—>Hide();
      Form2—>Show();  //调用表单 2
     }
```

2. 综合窗口(主表单)设计

综合窗口即为表单 2,也是整个软件的主窗口如图 3-18 所示。

图 3-18 综合窗口

(1)先进行菜单设计,如图 3-19 所示,单击控件区 Standard 下的 MainMenu 菜单控件,将 MainMenu 控件拖入表单区。

(2)双击 MainMenu 控件,在左边的属性栏的 Caption 中输入相应的菜单内容。如果

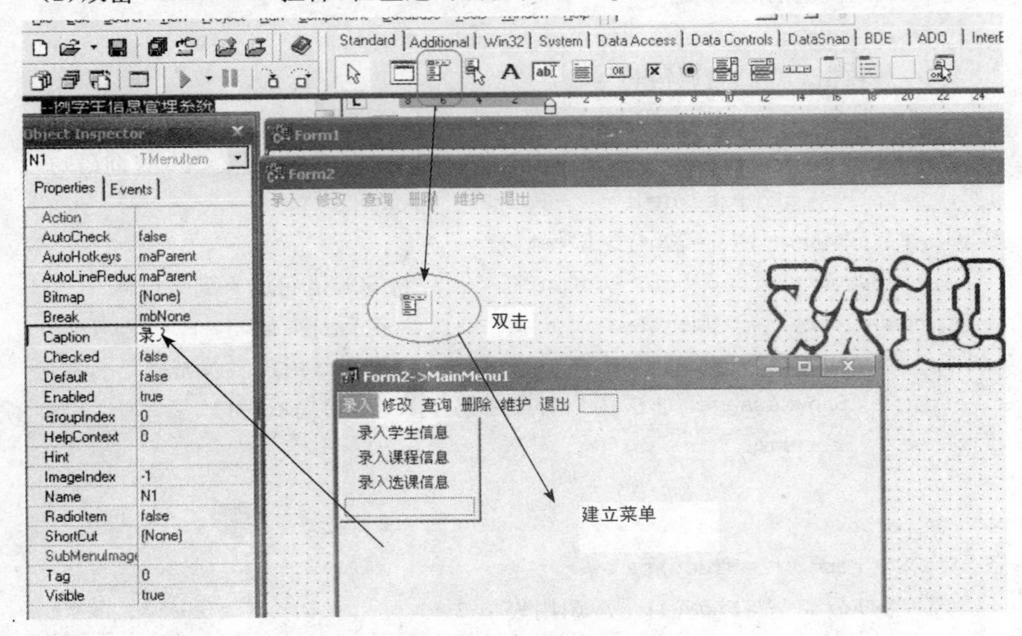

图 3-19 菜单条设置

要想通过菜单调用其他表单，如本软件的录入，修改等，则需要双击对应的菜单项，然后输入“Formx—>Show();”这里的 Formx 中的 x 值为 1,3,4,5…代表任一表单。

3. 信息录入窗口设计

录入窗口涉及学生信息录入，课程录入，及学生选课录入等内容，这里仅以信息录入窗口为例，如图 3-20 所示，其他情况与此相似。

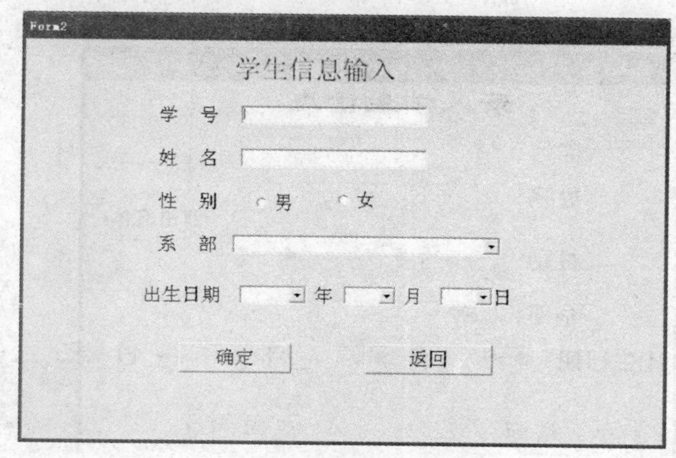

图 3-20　信息录入窗口

(1)录入窗口的下拉框中的内容，如出生日期，可以在属性窗口的 Items 中添加，如图 3-21 所示。也可以双击录入窗口的窗体，如图 3-22 所示，在 FormCreate(TObject * Sender)过程中添加一段循环程序。

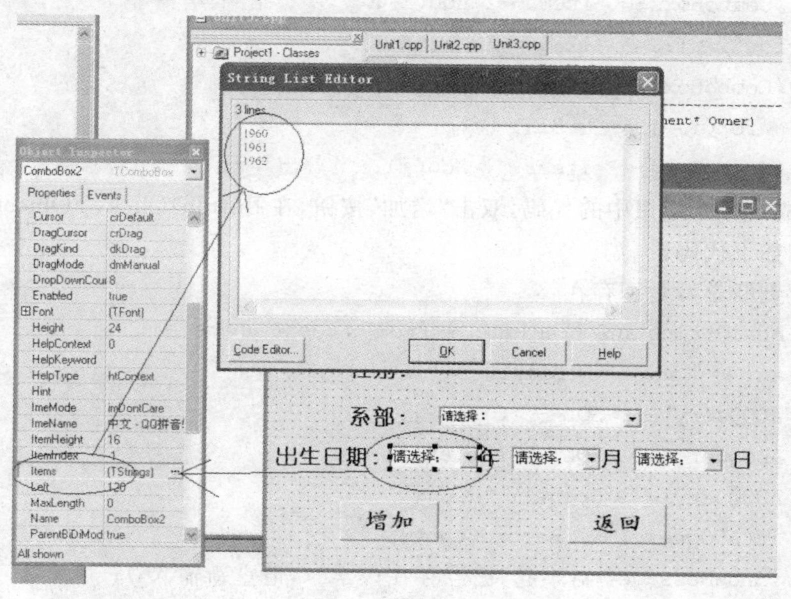

图 3-21　下拉列表的添加

图 3-22 添加循环代码

```
int i;
  for(i = 1960;i< = 2000;i + + )
  {ComboBox2—>Items—>Add(i);     } //出生年
  for(i = 1;i< = 12;i + + )
  {ComboBox3—>Items—>Add(i);   }//出生月
    for(i = 1;i< = 31;i + + )
  {ComboBox4—>Items—>Add(i);   }//出生日
```

(2)完成“增加”按钮中的代码，双击“增加”按钮，在 Button1Click(TObject * Sender)过程中添加如下代码：

```
//判断学号是否存在：
  AnsiString an1 = "select * from student where ";
  an1 += " sno = '" + Edit1—>Text + "'";
  ADOQuery1—>SQL—>Clear();
  ADOQuery1—>SQL—>Add(an1);
  ADOQuery1—>Open();
  if(ADOQuery1—>RecordCount == 1)
  {ShowMessage("对不起，已经存在该学号，请重新输入");
  Edit1—>SetFocus();
  return;
```

```
    }
  //增加代码:
  AnsiString rq,xb;
    rq = ComboBox2->Text + "-" + ComboBox3->Text + "-" + ComboBox4->Text;
    if(Form3->RadioButton1->Checked == 1)
    {xb = "男";}
    else
    {xb = "女"; }
    AnsiString an1 = "insert into student values( ";
    an1 += "'" + Form3->Edit1->Text + "',";
    an1 += "'" + Form3->Edit2->Text + "',";
    an1 += "'" + xb + "',";
    an1 += " '" + ComboBox1->Text + "',";
    an1 += "'" + rq + "')";
    ADOQuery1->SQL->Clear();
    ADOQuery1->SQL->Add(an1);
    ADOQuery1->ExecSQL();
    ADOQuery1->Close();
    ShowMessage("增加成功");
```

4. 信息查询窗口设计

信息查询窗口，即可以按学号、姓名、性别、系部和生日等内容进行复合查询，查询结果将显示在显示窗中，如图 3-23 所示。

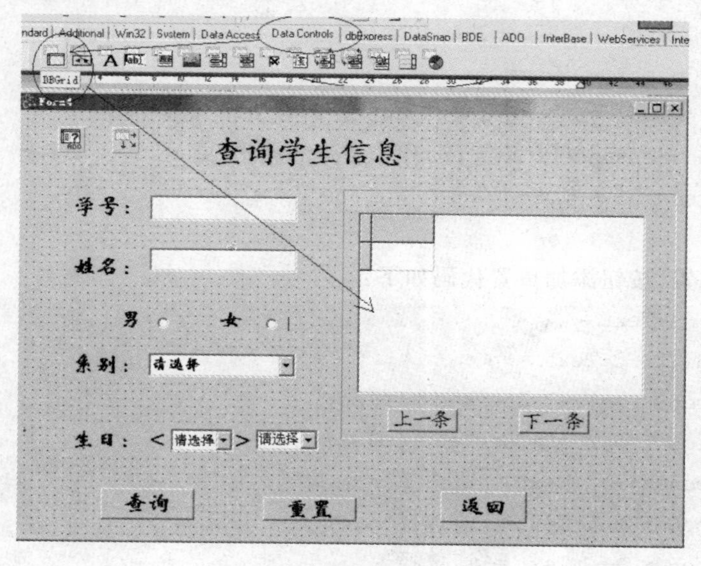

图 3-23　信息查询窗口

(1)双击“查询”按钮添加查询代码如下：

```
AnsiString an1 ="select * from student where ";
  if(Edit1->Text! ="")
  an1 +=" sno ='" + Edit1->Text + "' and ";
    if(Edit2->Text! ="")
  an1 +=" sname ='" + Edit2->Text + "' and ";
AnsiString xb ="";

if(RadioButton1->Checked == 1)
  xb ="男";
  if(Form4->RadioButton2->Checked == 1)
  xb ="女";
  if(xb! ="")
  an1 +=" sex ='" + xb + "' and ";
if(ComboBox1->Text! ="")
an1 +=" sdept ='" + ComboBox1->Text + "' and ";
if(ComboBox2->Text! ="")
an1 +=" year(csrq)<" + ComboBox2->Text + " and";
if(ComboBox3->Text! ="")
an1 +="year(csrq)>" + ComboBox3->Text + " and";
an1 +=" year(csrq)>1900 ";//关口语句,此语句恒为真,用于解决最后的
                          //and 连接
  ADOQuery1->SQL->Clear();
  ADOQuery1->SQL->Add(an1);
  ADOQuery1->Open();
  if(ADOQuery1->RecordCount == 0)
  {ShowMessage("对不起,没有你要查的同学");
    return;
  }
```

(2)双击“重置”按钮添加重置代码如下：

```
Edit1->Text ="";
    Edit2->Text ="";
  RadioButton1->Checked = false;
  RadioButton2->Checked = false;
  ComboBox1->Text ="请选择";
  ComboBox2->Text ="请选择";
  ComboBox3->Text ="请选择";
  Form4->Refresh();
```

5. 信息修改窗口设计

信息修改，主要是根据输入的学号查出学生相应的信息，在此基础上进行修改，如图3-24所示。

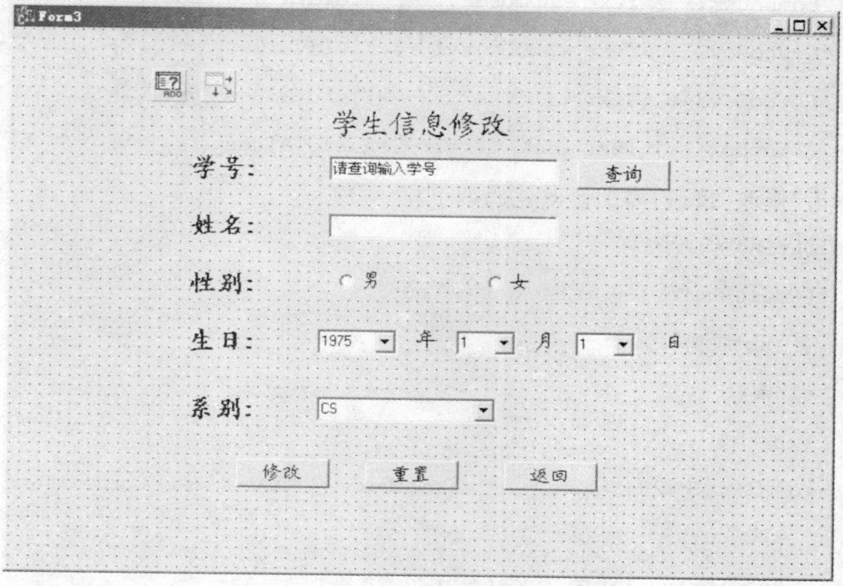

图3-24　信息修改窗口

(1)双击“查询”按钮，添加如下查询代码：

```
if(Edit1—>Text =="请查询输入学号")
{ShowMessage("请查询输入要查询的学号");
return;
}
  ADOQuery1—>SQL—>Clear();
  AnsiString an1 ="select sno,sname,sex,sdept,year(csrq) as nn,month
                  (csrq) as ";
  an1 +=" yy,day(csrq) as rr   from student where ";
  an1 +=" sno ='"+ Edit1—>Text +"'";
  ADOQuery1—>SQL—>Add(an1);
  ADOQuery1—>Open();
  //为各个变量赋值
  Edit1—>Text = ADOQuery1—>FieldValues["sno"];
  Edit2—>Text = ADOQuery1—>FieldValues["sname"];
  AnsiString xb;
  xb = ADOQuery1—>FieldValues["sex"];
  if(xb =="男")
```

```
        {RadioButton1—>Checked = true;}
        if(xb == "女")
        {RadioButton2—>Checked = true;}
        ComboBox1—>Text = ADOQuery1—>FieldValues["sdept"]
        ComboBox2—>Text = ADOQuery1—>FieldValues["nn"]   ;
        ComboBox3—>Text = ADOQuery1—>FieldValues["yy"]   ;
        ComboBox4—>Text = ADOQuery1—>FieldValues["rr"]   ;
```

(2)双击"修改"按钮,添加修改代码如下:

```
AnsiString xb,rq;
  if(RadioButton1—>Checked == true)
    {  xb = "男";}
    else
    {xb = "女";}
    rq = ComboBox2—>Text + '-' + ComboBox3—>Text + '-' + ComboBox4—>Text;
      ADOQuery1—>SQL—>Clear();
      AnsiString an1 = " update student set ";
      an1 += " sno = '" + Edit1—>Text + "',";
      an1 += " sname = '" + Edit2—>Text + "',";
      an1 += " sex = '" + xb + "', ";
      an1 += " sdept = '" + ComboBox4—>Text + "',";
        an1 += " csrq = '" + rq + "'";
        an1 += " where sno = '" + Edit1—>Text + "'";
      ADOQuery1—>SQL—>Add(an1);
        ShowMessage(an1);
      ADOQuery1—>ExecSQL();
      ShowMessage("修改成功");
```

6.信息删除窗口设计

信息删除功能就是根据学生输入的学号查出要删除的学生,然后再单击删除键即可,如果未输入学号,则查出所有学生,删除则根据所选中的当前学生进行删除,如图 3-25 所示。

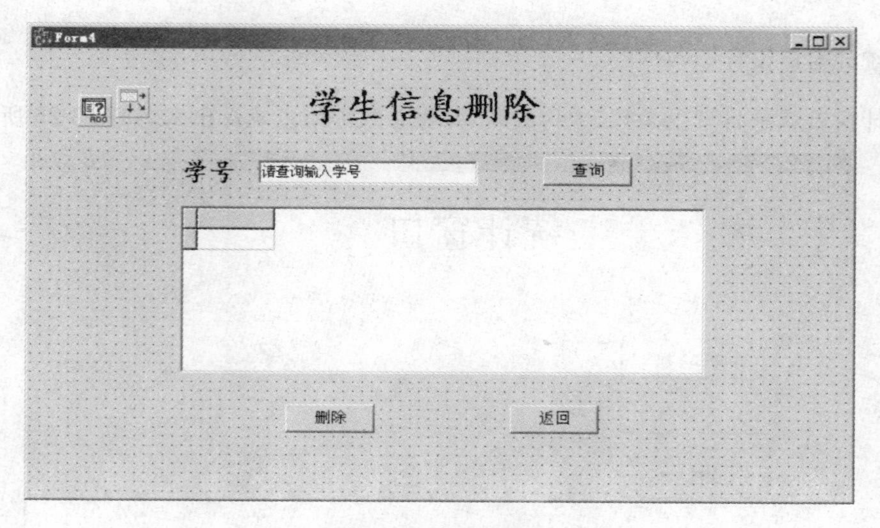

图 3-25　信息删除窗口

(1)双击“查询”按钮添加查询代码：

```
if(Text == "")
  {ShowMessage("请查询输入要查询的学号");
  return;
  }
    ADOQuery1->SQL->Clear();
    AnsiString an1 = "select * from student where ";
    an1 += " sno = '" + Form4->Edit1->Text + "'";
    ADOQuery1->SQL->Add(an1);
    ADOQuery1->Open();
    DBGrid1->DataSource = DataSource1;
```

(2)双击“删除”按钮,添加删除代码：

```
int aa;
    aa = MessageBox(NULL,"真的要删除该生记录吗?","询问窗口",4);
    if(aa == 6)
      {ADOQuery1->SQL->Clear();
    AnsiString an1 = "delete from student where ";
    an1 += " sno = '" + Form4->Edit1->Text + "'";
    ADOQuery1->SQL->Add(an1);
    ADOQuery1->ExecSQL();
    ShowMessage("删除成功");
    DBGrid1->DataSource = DataSource1;}
    else
    {return;}
```

7. 统计窗口设计

统计窗口就是将学生人数，平均成绩，课程总数等信息统计出来，如图 3-26 所示。

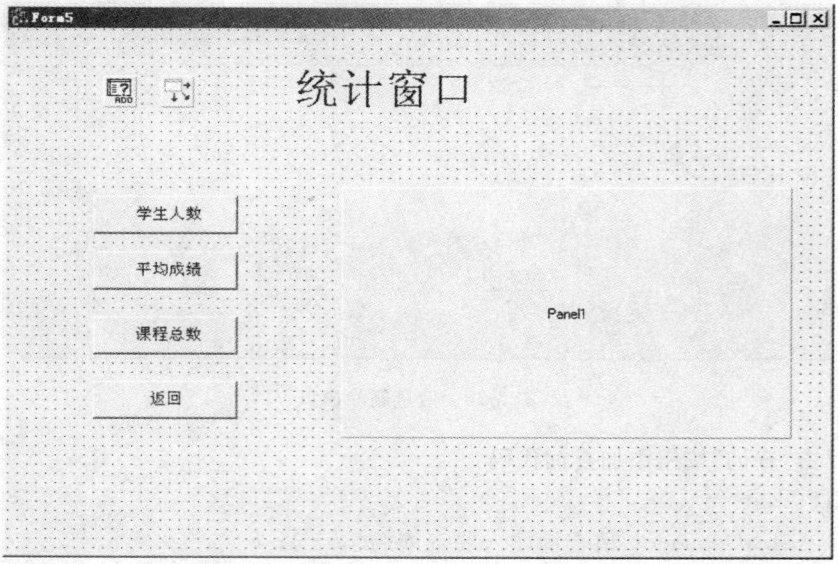

图 3-26 统计窗口

(1)双击“学生人数”按钮，添加统计人数统计代码：

```
ADOQuery1->SQL->Clear();
AnsiString an1 ="select count(sno) as xsrs from student  ";
ADOQuery1->SQL->Add(an1);
ADOQuery1->Open();
Label2->Caption ="学生人数";
Label3->Caption = ADOQuery1->FieldValues["xsrs"];
//………………………………………………………………
```

(2)双击“平均成绩”按钮，添加平均成绩统计代码：

```
ADOQuery1->SQL->Clear();
AnsiString an1 ="select avg(grade) as pjcj from sc";
ADOQuery1->SQL->Add(an1);
ADOQuery1->Open();
Label2->Caption ="平均成绩";
Label3->Caption = ADOQuery1->FieldValues["pjcj"];
}
//………………………………………………………………
```

(3)双击“课程总数”按钮，添加课程总数统计代码：

```
ADOQuery1->SQL->Clear();
AnsiString an1 ="select count(cno) as kczs from course";
ADOQuery1->SQL->Add(an1);
ADOQuery1->Open();
Label2->Caption ="课程总数";
Label3->Caption = ADOQuery1->FieldValues["kczs"]
```

8. 修改密码

密码修改，就是对已有的学生账户进行密码修改，如图3-27所示。

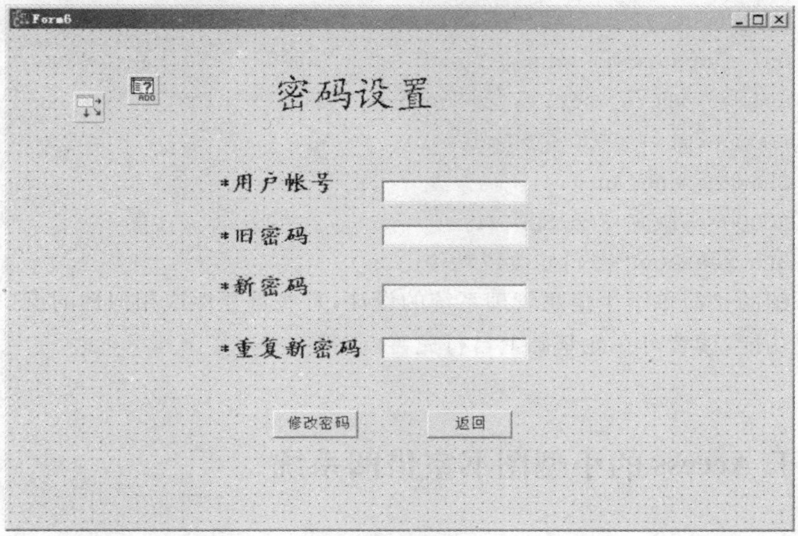

Form6

密码设置

*用户帐号

*旧密码

*新密码

*重复新密码

修改密码　返回

图3-27　密码维护窗口

双击“修改密码”按钮，添加代码如下：

```
if(Edit1->Text =="" ||Form6->Edit2->Text =="")
  { ShowMessage("对不起，用户名或密码不得为空");
    return;
  }
  ifEdit3->Text =="" ||Form6->Edit4->Text =="")
  { ShowMessage("对不起，输入新密码也不能为空");
    return;
  }
  if(Edit3->Text! = Form6->Edit4->Text)
  { ShowMessage("两次密码不一致");
    return;
  }
```

```
ADOQuery1—>SQL—>Clear();
AnsiString an1 = "select * from mm";
an1 += " where user1 = '" + Form6—>Edit1—>Text + "'";
an1 += " and password1 = '" + Form6—>Edit2—>Text + "'";
ADOQuery1—>SQL—>Add(an1);
ADOQuery1—>Open();
if(ADOQuery1—>RecordCount == 0)
{  ShowMessage("对不起,用户名或密码错误,请重试");
   return;
}
   ADOQuery1—>SQL—>Clear();
an1 = "update mm set password1 = '" + Form6—>Edit3—>Text + "' ";
an1 += " where user1 = '" + Form6—>Edit1—>Text + "'";
ADOQuery1—>SQL—>Add(an1);
ShowMessage(an1);
ADOQuery1—>ExecSQL();
ShowMessage("密码修改成功");
```

以上介绍的是简单学生信息管理系统的设计,有些重复性或相似性的窗口设计略去,仅介绍主要功能,读者可在此基础上自行完善。

3.2 基于 Access 的小型图书室借阅系统

本案例仍然是用 Access 数据库来设计一个小型的图书室借阅系统,要求完成图书借阅的基本功能,适用于一般企业或中小规模的学校的图书馆借阅管理。

3.2.1 系统功能需求

如图 3-28 所示,图书室借阅系统包括以下几个部分:

(1) 设计一个登录窗口,负责验证图书管理员的账户名,密码。

(2) 信息录入、查询、修改、删除操作主要是针对图书信息与读者信息表操作。

(3) 借阅,主要是针对借阅表操作,用于记录借书,还书,续借,罚款情况。

(4) 信息统计,主要是针对读者,书目,以及借阅情况的统计。

(5) 密码维护:可对图书管理员账户密码进行修改。

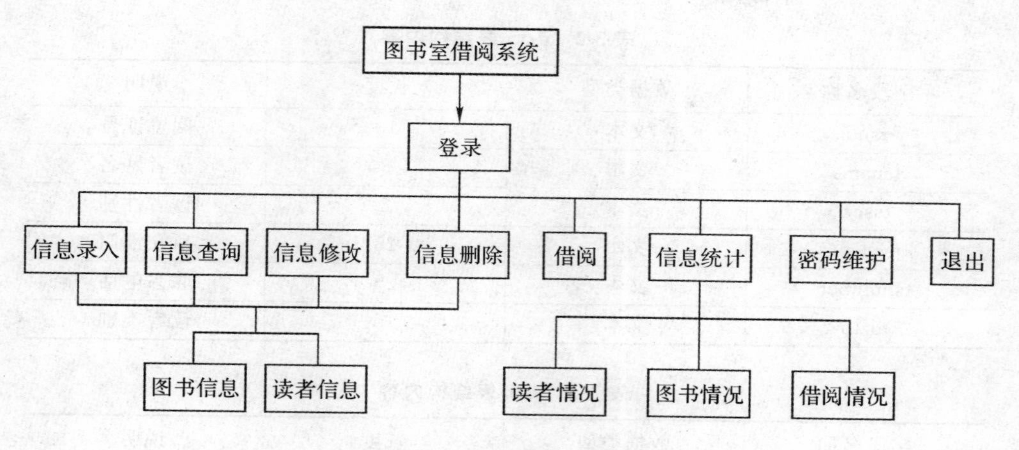

图 3-28　图书室借阅系统

3.2.2　数据库的设计

下面用 Access 数据库管理系统创建一 tsgl.mdb 数据库，内含如下五张表：

tsxx　　图书信息
dzxx　　读者信息
dzlb　　读者类别
jyxx　　借阅信息
mm　　密码表

每张表的具体结构及内容如表 3-1～表 3-5 所示：

表 3-1　tsxx 表结构及内容

字段名称	数据类型	长度	说明
bno	文本	10	书号
ISBN	文本	50	ISBN 号
bname	文本	50	书名
writer	文本	20	作者
cbs	文本	30	出版社
lb	文本	20	类别
cbrq	文本		出版日期

注：bno 书号为唯一编号，ISBN 同一本书相同，lb 主要是区分是哪一类书籍，如电子类，该表只是举出有关的主要字段，用户可根据需要再增加其他字段。

表 3-2 dzxx 表结构内容

字段名称	数据类型	长度	说明
tsno	文本	10	阅览证号
tsname	文本	8	读者姓名
tssex	文本	2	读者性别
tssdept	文本	20	所在部门
tsnumber	文本	20	联系电话
tdzlb	文本	10	读者类别

表 3-3 dzlb 表结构内容

字段名称	数据类型	长度	说明
dzlb	文本	10	读者类别
jsqx	数字	整型	借书期限
fkje	数字	单精(1位小数)	罚款金额
xjqx	数字	整型	续借期限

表 3-4 jyxx 表结构内容

字段名称	数据类型	长度	说明
tsno	文本	10	读者类别
bno	文本	10	借书期限
jsrq	日期		罚款金额
ghrq	日期		续借期限
yn	文本	2	是否续借

表 3-5 mm 表结构内容

字段名称	数据类型	长度	说明
User1	文本	10	账户
Password1	文本	20	密码
tsno	文本	10	阅览证号

3.2.3 小型图书室借阅系统设计

下面我们用 C++BUILDER 软件来设计这个小型图书室借阅系统。

1. 登录窗口的设计

在表单 Form1 上创建登录窗口，登录窗口是为图书管理员登录设计的，当用户使用本软件时，必须通过登录窗口认证，才能进入软件系统，登录窗口设计如图 3-29 所示。

图 3-29　图书管理系统登录窗口

为了界面美观，我们选用了带图片修饰的登录窗口，登录代码与数据库设计，与上一节学生管理系统中一样，这里就不再赘述，我们只给大家介绍一下带图片的界面窗口设计。

(1)如图 3-30 所示，我们先单击选取窗口上部的按钮栏中的“Additional”按钮，然后再选择“Image”。

图 3-30　界面修饰图片的调用

(2)从左边的属性栏中找到"Picture"属性,然后选择"Load",从磁盘上找到你需要的图片即可。注意你选择的图片要足够大,该工具只能缩小图片,不能放大图片。另外,如果想让图片上的文字背景色消失(以图片为背景色),则选中图片中需要设置的文字,然后将左边属性栏中的"Transparent"设为"True"即可,如图 3-31 所示。

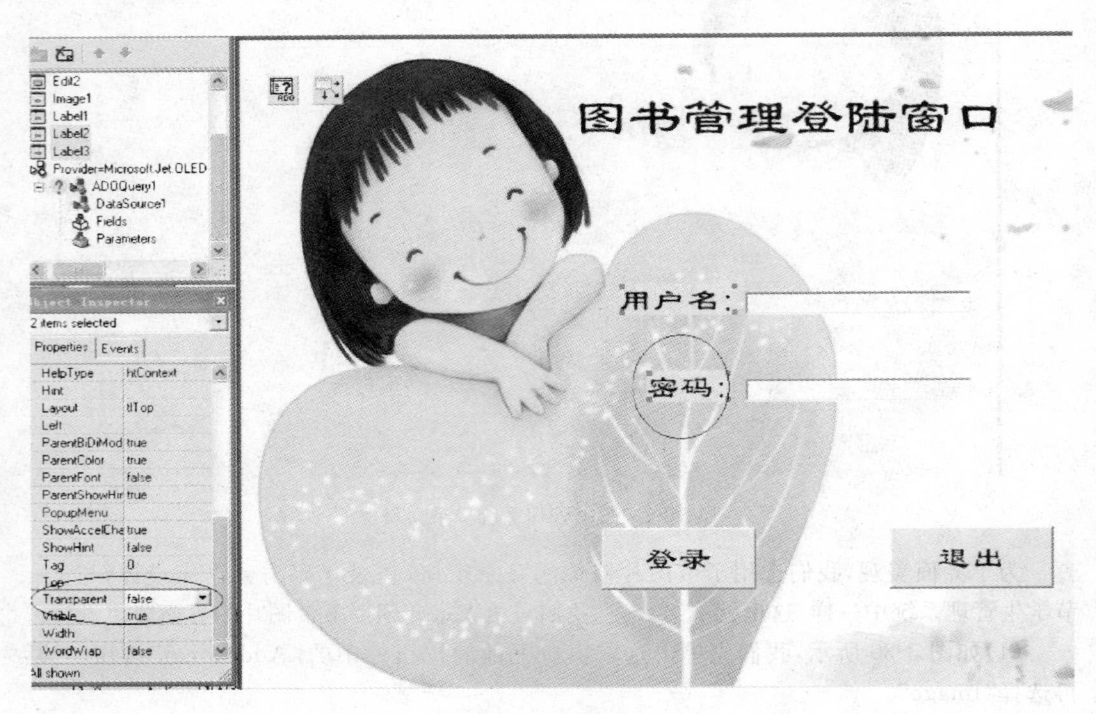

图 3-31 文本底色的去除

2. 图书室借阅系统主菜单的设计

新建一表单 Form2,如图 3-32 所示,按照图书室借阅系统功能,设计图书室借阅系统菜单界面,注意建立菜单的顺序。

(1)单击窗口上部的标准按钮"Standard",然后选择"MainMenu"按钮,将其拖到表单上。

(2)然后双击 MainMenu 按钮,出现菜单输入框后,在左边属性栏对应的"Caption"中输入菜单内容。

图 3-32　图书借阅系统主菜单

3. 图书信息录入窗口设计

下边设计图书信息录入窗口，如图 3-33 所示。

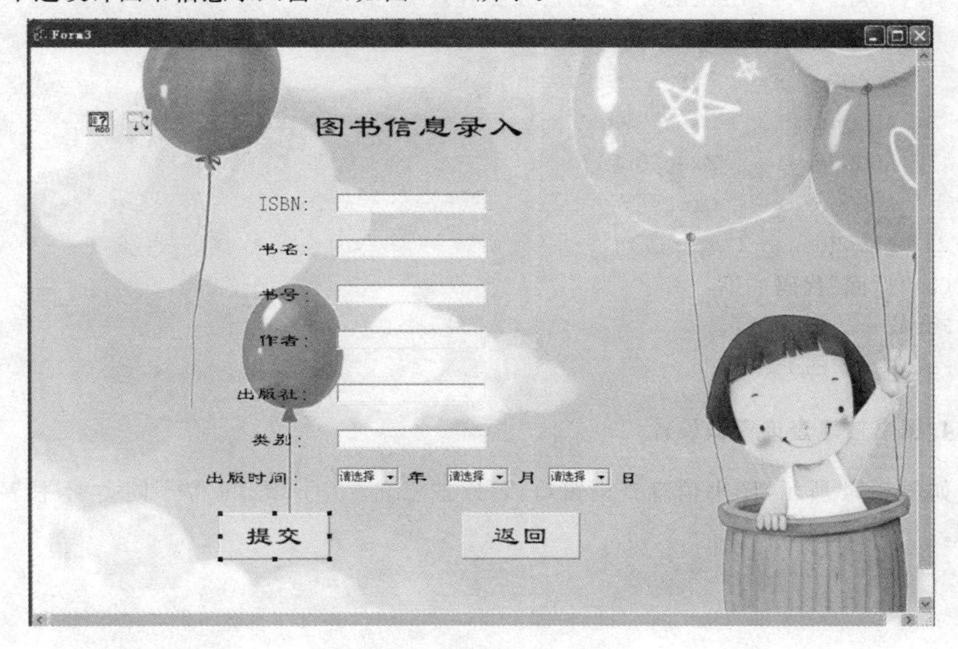

图 3-33　图书信息录入

(1)“提交”代码如下：

```
AnsiString an1 ="select * from tsxx where ";
  an1 +="bno ='" + Edit1->Text + "'";
  ADOQuery1->SQL->Clear();
  ADOQuery1->SQL->Add(an1);
  ADOQuery1->Open();
  if(ADOQuery1->RecordCount == 1)
  {ShowMessage("对不起,已经存在该书号,请重新输入");
    Edit1->SetFocus();//该语句是使光标仍然停留在书号的位置
  return;
  }
//因为书号唯一,上边程序主要是判断是否存在相同的书号
  AnsiString rq;
  rq = ComboBox1->Text +"-"+ ComboBox2->Text +"-"+ ComboBox3->Text;
  an1 ="insert into tsxx values(";
  an1 +="'" + Form3->Edit1->Text +"',";
  an1 +="'" + Form3->Edit2->Text +"',";
  an1 +="'" + Form3->Edit3->Text +"',";
  an1 +="'" + Form3->Edit4->Text +"',";
  an1 +="'" + Form3->Edit5->Text +"',";
  an1 +="'" + Form3->Edit6->Text +"',";
  an1 +="'" + rq +"')";
  ADOQuery1->SQL->Clear();
ADOQuery1->SQL->Add(an1);
ADOQuery1->ExecSQL();
ADOQuery1->Close();
ShowMessage("增加成功");
```

(2)“返回”代码如下：

```
Form2->Show();
Form3->Hide();
```

4. 图书信息查询窗口设计

如图 3-34 所示，图书信息查询窗口，可以按书名，书号，ISBN 等不同类别进行书目查询。

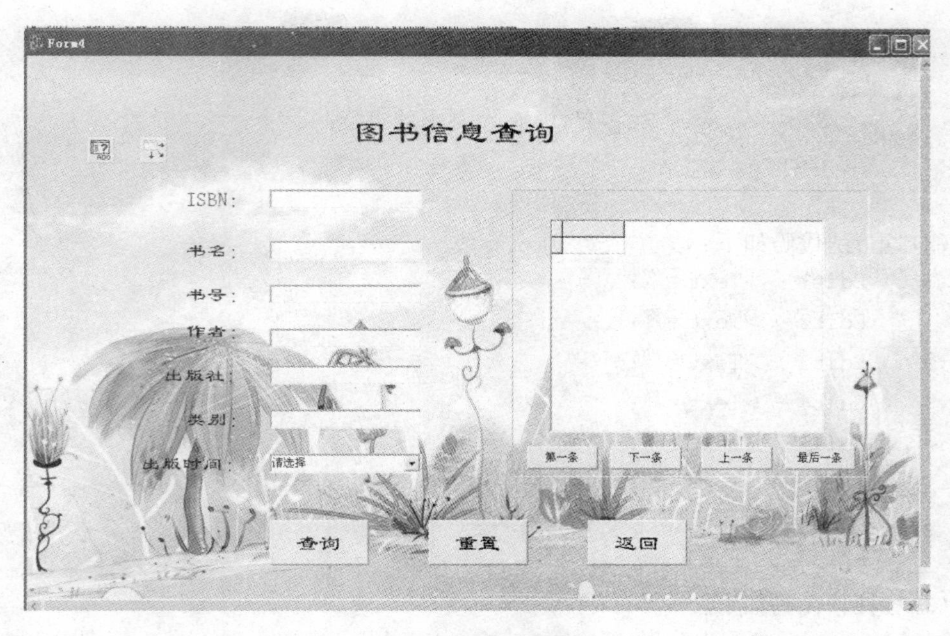

图 3-34　图书信息查询

(1)查询代码如下：

```
AnsiString an1 = "select * from tsxx where ";
  if (Edit1->Text != "")
   an1 += "ISBN = '" + Edit1->Text + "' and ";
  if(Edit2->Text != "")
  an1 += "bname = '" + Edit2->Text + "' and ";
  if(Edit3->Text != "")
  an1 += "bno = '" + Edit3->Text + "' and ";
  if(Edit4->Text != "")
  an1 += "writer = '" + Edit4->Text + "' and ";
  if(Edit5->Text != "")
  an1 += "cbs = '" + Edit5->Text + "' and ";
  if(Edit6->Text != "")
  an1 += "lb = '" + Edit6->Text + "' and ";
  if(ComboBox1->Text != "请选择")
  an1 += "year(cbrq)>" + ComboBox1->Text + " and ";
  an1 += "year(cbrq)>1900"; //此为循环关口语句

ADOQuery1->SQL->Clear();
ADOQuery1->SQL->Add(an1);
ShowMessage(an1);
ADOQuery1->Open();
```

```
    if(ADOQuery1->RecordCount == 0)
    {
        ShowMessage("对不起,没有你要查的书");
        return;
    }
```

(2)“重置”代码如下：

```
Edit1->Text = "";
Edit2->Text = "";
Edit3->Text = "";
Edit4->Text = "";
Edit5->Text = "";
Edit6->Text = "";
ComboBox1->Text = "请选择";
Form4->Refresh();
```

(3)“返回”代码如下：

```
Form2->Show();
Form4->Hide();
```

5. 图书信息修改窗口设计

如图 3-35 所示，需要先将修改按钮 Button1 的 Enable 属性设为 False，即为灰色，不可点击状态，在图书信息修改时，先输入要修改的书号，单击“查询”按钮，然后根据该书号内容来进行修改，否则无法单击修改按钮。

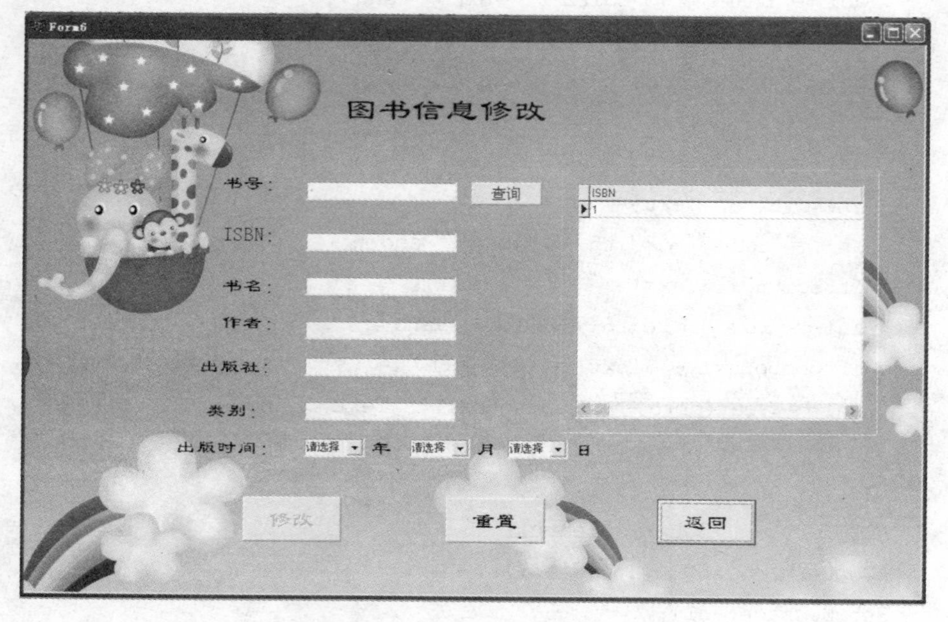

图 3-35　图书信息修改

(1)“查询”代码如下：

```
if(Edit1->Text == "")
    {ShowMessage("请查询输入要查询的书号");
    return;
    }
    ADOQuery1->SQL->Clear();
AnsiString an1 = "select ISBN,bname,bno,writer,cbs,lb,year(cbrq) as nn,month
(cbrq) as yy,day(cbrq) as rr from tsxx where ";
an1 += "bno = '" + Edit1->Text + "'";
ADOQuery1->SQL->Add(an1);
ADOQuery1->Open();
//下边是将查到的值赋给各文本框
Edit2->Text = ADOQuery1->FieldValues["ISBN"];
Edit3->Text = ADOQuery1->FieldValues["bname"];
Edit1->Text = ADOQuery1->FieldValues["bno"];
Edit4->Text = ADOQuery1->FieldValues["writer"];
Edit5->Text = ADOQuery1->FieldValues["cbs"];
Edit6->Text = ADOQuery1->FieldValues["lb"];
ComboBox1->Text = ADOQuery1->FieldValues["nn"];
ComboBox2->Text = ADOQuery1->FieldValues["yy"];
ComboBox3->Text = ADOQuery1->FieldValues["rr"];
Button1->Enabled = true;  //激活修改按钮
```

(2)“修改”代码如下：

```
if(Edit1->Text == "")
  { ShowMessage("请输入要修改的书号");
    return;
  }
  AnsiString rq;
  rq = ComboBox1->Text + '-' + ComboBox2->Text + '-' + ComboBox3->Text;
  ADOQuery1->SQL->Clear();
  AnsiString an1 = "update tsxx set ";
  an1 += "ISBN = '" + Edit2->Text + "',";
  an1 += "bname = '" + Edit3->Text + "',";
  an1 += "bno = '" + Edit1->Text + "',";
  an1 += "writer = '" + Edit4->Text + "',";
  an1 += "cbs = '" + Edit5->Text + "',";
  an1 += "lb = '" + Edit6->Text + "',";
  an1 += "cbrq = '" + rq + "'";
```

```
an1 += "where bno = '" + Edit1->Text + "'";
ADOQuery1->SQL->Add(an1);
ADOQuery1->ExecSQL();
ShowMessage("修改成功");
```

(3)"重置"代码如下：

```
Edit1->Text = "";
Edit2->Text = "";
Edit3->Text = "";
Edit4->Text = "";
Edit5->Text = "";
Edit6->Text = "";
ComboBox1->Text = "请选择";
ComboBox2->Text = "请选择";
ComboBox3->Text = "请选择";
Button1->Enabled = false;//关闭修改按钮
Form6->Refresh();
```

(4)"返回"代码如下：

```
Button1->Enabled = false; //关闭修改按钮
  Form2->Show();
  Form6->Hide();
```

6. 图书信息删除窗口设计

如图 3-36 所示，同样先将删除按钮 Button1 的 Enable 属性设为 False，然后输入要删除的书号，单击查询按钮，当查到后，再开放删除按钮，即可以进行删除操作了。

图 3-36 图书信息删除

(1)"查询"代码如下：

```
if(Edit1->Text == "")
  {ShowMessage("请查询输入要查询的书号");
    return;
  }
  ADOQuery1->SQL->Clear();
  AnsiString an1 = "select * from tsxx where ";
  an1 += "bno = '" + Form7->Edit1->Text + "'";
  ADOQuery1->SQL->Add(an1);
  ADOQuery1->Open();
  Button1->Enabled = true;//激活删除按钮
  DBGrid1->DataSource = DataSource1;//激活图书信息显示框
```

(2)"删除"代码如下：

```
int aa;
aa = MessageBox(NULL,"真的要删除该书记录吗?","询问窗口",4);
if(aa == 6)
{ADOQuery1->SQL->Clear();
  AnsiString an1 = "delete from tsxx where ";
  an1 += "bno = '" + Form7->Edit1->Text + "'";
  ADOQuery1->SQL->Add(an1);
  ADOQuery1->ExecSQL();
  ShowMessage("删除成功");
  Button1->Enabled = false;   //关闭删除按钮
  DBGrid1->DataSource = DataSource1;}
else
  {return;}
```

(3)"返回"代码如下：

```
Form7->Hide();
Form2->Show();
```

7. 图书借阅窗口设计

如图 3-37 所示的借阅窗口，是本系统的关键所在。

具体操作，如果用户只是想查询目前借过多少册书，则只需要输入阅览证号，单击"查询"按钮即可在右边窗口显示出该用户所有的借书情况，以及超期罚款情况。

如果想再借新书，则需要再输入书号(注：实际操作可通过条形码阅读器直接读取即可)，如果是已经借过，还想续借，则单击续借，然后单击借书即可，需要还书时，则先选中右边窗口中要还的某本书，再单击退还即可(注：由于续借罚款以及续借天数等操作编程比较复杂，这里就不再考虑，留待读者自己完善)。

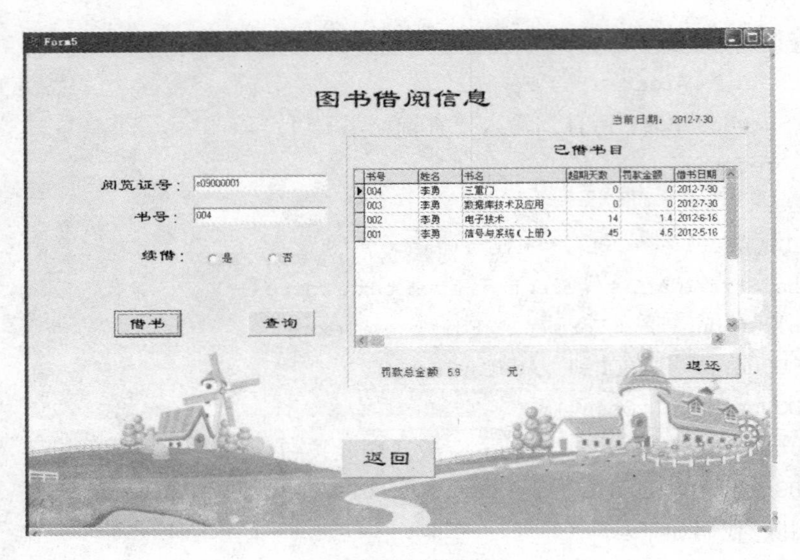

图 3-37 图书借阅

需要注意的是本借阅窗口需要设置两个 ADOQery 数据访问控件，如图 3-38，图 3-39 所示，分别将 ADOQuery1 与 ADOQuery2 连接数据库，并将 DATASOURCE1 与 DATASOURCE2 分别连接到 ADOQuery1 与 ADOQuery2 上，这主要是因为在还书时需要用到第一个 ADOQuery1 的查询结果。所以得需要两个 ADOQery。具体连接同前面介绍的一样。

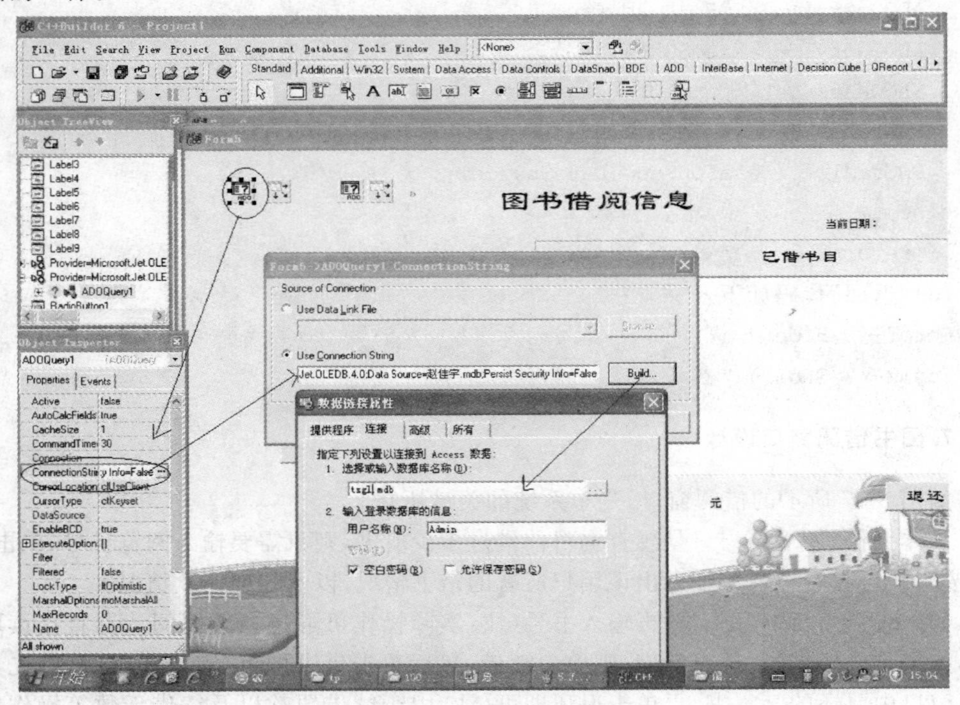

图 3-38 双 ADOQUERY 的连接

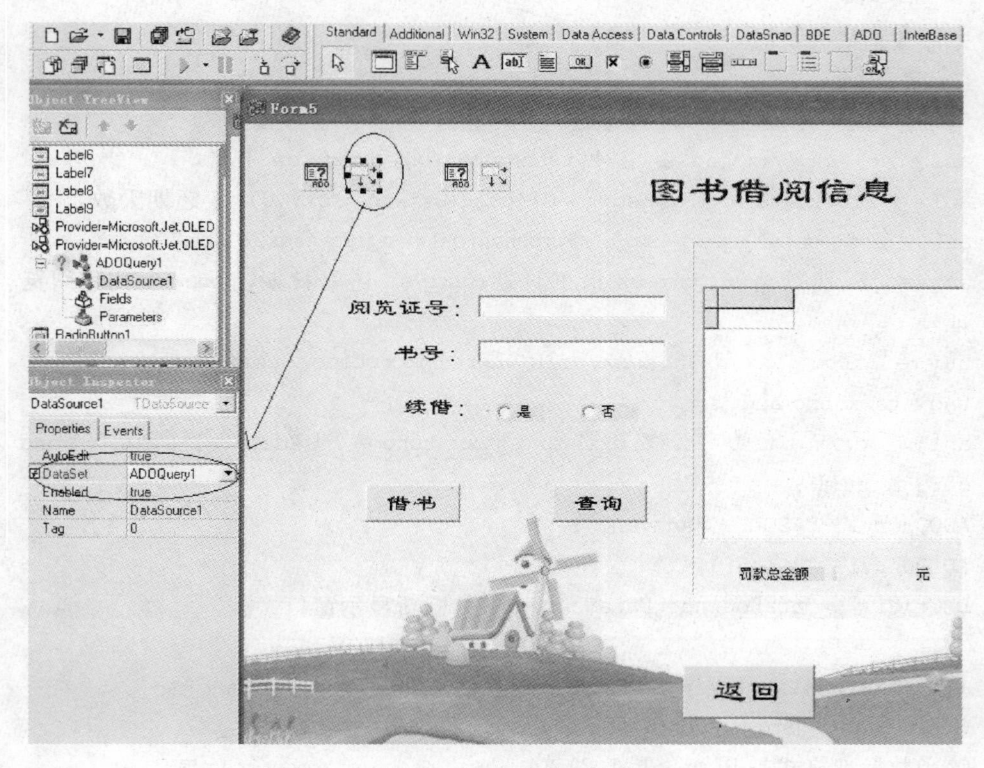

图 3-39　双 DATASOURCE 的启用

(1)"查询"代码如下：

```
if(Edit1—>Text == "")
    {ShowMessage("请查询输入要查询的阅览证号");
      return;
    }
    //查询罚款金额
  ADOQuery1—>SQL—>Clear();
  AnsiString an1 ="select sum(iif((date()-jsrq-jsqx)>0,round((date()-jsrq-
  jsqx) * fkje,1),0)) as zje ";
an1 +=" from jyxx,dzxx,tsxx,dzlb where jyxx.tsno = dzxx.tsno and jyxx.bno =
tsxx.bno and ";
  an1 +=" dzxx.tdzlb = dzlb.dzlb and jyxx.tsno = '" + Form5—>Edit1—>Text
   +"' and ghrq is null";
  ADOQuery1—>SQL—>Add(an1);
  ADOQuery1—>Open();
  ShowMessage(an1);
  Label8—>Caption = ADOQuery1—>FieldValues["zje"]; //将总金额赋给标签
  Label8 显示出来
```

```
//查询借阅情况

ADOQuery1—>SQL—>Clear();
an1 ="select jyxx.bno as 书号,tsname as 姓名,bname as 书名,";
an1 +="iif((date()-jsrq-jsqx)>0,(date()-jsrq-jsqx),0) as 超期天数,";
an1 +="iif((date()-jsrq-jsqx)>0,round((date()-jsrq-jsqx) * fkje,1),0)";
an1 +=" as 罚款金额,jsrq as 借书日期,ghrq as 还书日期,jyxx.tsno as 阅览证号";
an1 +=" from jyxx,dzxx,tsxx,dzlb where jyxx.tsno = dzxx.tsno and jyxx.bno = tsxx.bno and ";
an1 +=" dzxx.tdzlb = dzlb.dzlb and jyxx.tsno = '" + Edit1—>Text + "' and ghrq is null";
ADOQuery1—>SQL—>Add(an1);
ADOQuery1—>Open();
DBGrid1—>DataSource = DataSource1; //刷新显示窗口
```

重点语句说明:本段程序用到了几个相关语句如

①iif((date()-jsrq-jsqx)>0,(date()-jsrq-jsqx),0)

该函数标准格式是 iif (a>b,1,2),

即当满足表达式 a>b 则取值为 1,否则取值为 2。

②(date()-jsrq-jsqx)>0 表示:当前日期－借书日期－借书期限>0,这说明是超过了借书期限,就取值为超过的天数,即(date()-jsrq-jsqx),否则超过天数为 0 表示没超期。

③ghrq is null 表示借过但还没有还过的书,null 表示为空,即没还过。

(2)"借书"代码如下:

```
if(Edit1—>Text == ""||Edit2—>Text == "")
    { ShowMessage("对不起,阅览证号或书号没有输");
  Edit1—>SetFocus();
  return;
    }
AnsiString an1,jrq,hrq,xj  ;
//判断读者是不是合法读者
  an1 ="select * from dzxx where ";
an1 +="tsno = '" + Edit1—>Text + "' ";
ADOQuery1—>SQL—>Clear();
ADOQuery1—>SQL—>Add(an1);
    ADOQuery1—>Open();
if(ADOQuery1—>RecordCount< = 0)
{ShowMessage("对不起,不是合法会员,请重新输入");
```

```
    Edit1->SetFocus();
    return;
    }

  //判断图书是不是库存图书
  an1 = "select * from tsxx where ";
  an1 += "bno = '" + Edit2->Text + "' ";
  ADOQuery1->SQL->Clear();
      ADOQuery1->SQL->Add(an1);
  ADOQuery1->Open();
  if(ADOQuery1->RecordCount< = 0)
  {ShowMessage("对不起,书库没有该书,请重新输入");
    Edit1->SetFocus();
    return;
    }
    //判断该用户是否已借过该书
      an1 = "select * from jyxx where ";
  an1 += "tsno = '" + Edit1->Text + "' and bno = '" + Edit2->Text + "' and ghrq is null";
  ADOQuery1->SQL->Clear();
  ADOQuery1->SQL->Add(an1);
      ADOQuery1->Open();
  if(ADOQuery1->RecordCount>0)
  {ShowMessage("对不起,该书已经借过,请重新输入");
    Edit1->SetFocus();
    return;
    }

      an1 = "insert into jyxx(tsno,bno,jsrq,yn) values(";
    an1 += "'" + Form5->Edit1->Text + "',";
    an1 += "'" + Form5->Edit2->Text + "',";
    an1 += "'" + DateToStr(Date()) + "',";
    if(Form5->RadioButton1->Checked == 1)
    {xj = "是";}
    else
    {xj = "否";}
    an1 += "'" + xj + "')";
  A DOQuery1->SQL->Clear();
  ADOQuery1->SQL->Add(an1);
```

```
ADOQuery1—>ExecSQL();
ADOQuery1—>Close();
ShowMessage("增加成功");

  //查询罚款金额
     ADOQuery1—>SQL—>Clear();
   an1 ="select sum(iif((date()-jsrq-jsqx)>0,round((date()-jsrq-jsqx) *
   fkje,1),0)) as zje ";
  an1 +=" from jyxx,dzxx,tsxx,dzlb where jyxx.tsno = dzxx.tsno and jyxx.bno
  = tsxx.bno and ";
  an1 +=" dzxx.tdzlb = dzlb.dzlb and jyxx.tsno = '" + Form5—>Edit1—>Text
  + "' and ghrq is null";
  ADOQuery1—>SQL—>Add(an1);
  ADOQuery1—>Open();
  Label8—>Caption = ADOQuery1—>FieldValues["zje"];
   //查询借阅情况

  ADOQuery1—>SQL—>Clear();
   an1 ="select jyxx.bno as 书号,tsname as 姓名,bname as 书名,";
  an1 +="iif((date()-jsrq-jsqx)>0,(date()-jsrq-jsqx),0) as 超期天数,";
  an1 +="iif((date()-jsrq-jsqx)>0,round((date()-jsrq-jsqx) * fkje,1),0)";
  an1 +=" as 罚款金额,jsrq as 借书日期,ghrq as 还书日期,jyxx.tsno as 阅览
  证号";
  an1 +=" from jyxx,dzxx,tsxx,dzlb where jyxx.tsno = dzxx.tsno and jyxx.bno
  = tsxx.bno and ";
  an1 +=" dzxx.tdzlb = dzlb.dzlb and jyxx.tsno = '" + Form5—>Edit1—>Text
  + "' and ghrq is null";
  ADOQuery1—>SQL—>Add(an1);
  ADOQuery1—>Open();
  DBGrid1—>DataSource = DataSource1;
  DBGrid1—>Refresh();
```

(3)“退还”代码如下：

```
int aa;
   AnsiString an1;
  aa = MessageBox(NULL,"真的要退还该书吗?","询问窗口",4);
if(aa == 6)
  {ADOQuery2—>SQL—>Clear();
```

```
AnsiString an1 = "update jyxx set ghrq = '" + DateToStr(Date()) + "' where ";
    an1 += "tsno = '" + ADOQuery1->FieldValues["阅览证号"] + "' and";
    an1 += " bno = '" + ADOQuery1->FieldValues["书号"] + "' and ghrq is null";
    ADOQuery2->SQL->Add(an1);
    ADOQuery2->ExecSQL();
    ShowMessage("退还成功");
    //查询罚款金额
    ADOQuery2->SQL->Clear();
    an1 = "select sum(iif((date()-jsrq-jsqx)>0,round((date()-jsrq-jsqx) *
    fkje,1),0)) as zje ";
    an1 += " from jyxx,dzxx,tsxx,dzlb where jyxx.tsno = dzxx.tsno and jyxx.
    bno = tsxx.bno and ";
    an1 += " dzxx.tdzlb = dzlb.dzlb and jyxx.tsno = '" + Form5->Edit1->Text
     + "'and ghrq is null";
    ADOQuery2->SQL->Add(an1);
    ADOQuery2->Open();
      Label8->Caption = ADOQuery2->FieldValues["zje"];//查询借阅情况
    ADOQuery2->SQL->Clear();
    an1 = "select jyxx.bno as 书号,tsname as 姓名,bname as 书名,";
    an1 += "iif((date()-jsrq-jsqx)>0,(date()-jsrq-jsqx),0) as 超期天数,";
    an1 += "iif((date()-jsrq-jsqx)>0,round((date()-jsrq-jsqx) * fkje,1),0)";
    an1 += " as 罚款金额,jsrq as 借书日期,ghrq as 还书日期,jyxx.tsno as 阅览证号";
    an1 += " from jyxx,dzxx,tsxx,dzlb where jyxx.tsno = dzxx.tsno and jyxx.
    bno = tsxx.bno and ";
    an1 += " dzxx.tdzlb = dzlb.dzlb and jyxx.tsno = '" + Form5->Edit1->Text
     + "' and ghrq is null";
      ADOQuery2->SQL->Add(an1);
      ADOQuery2->Open();
        DBGrid1->DataSource = DataSource2;
  }
  else
    {return;}
```

(4)"当前日期显示"代码如下：

```
    fastcall TForm5::TForm5(TComponent * Owner) : TForm(Owner)
  {
  Label11->Caption = DateToStr(Date());
  }
```

(5)"返回"代码如下：

```
Form2—>Show();
Form5—>Hide();
```

8. 密码维护窗口设计

如图 3-40 所示，设置管理员用户密码维护。

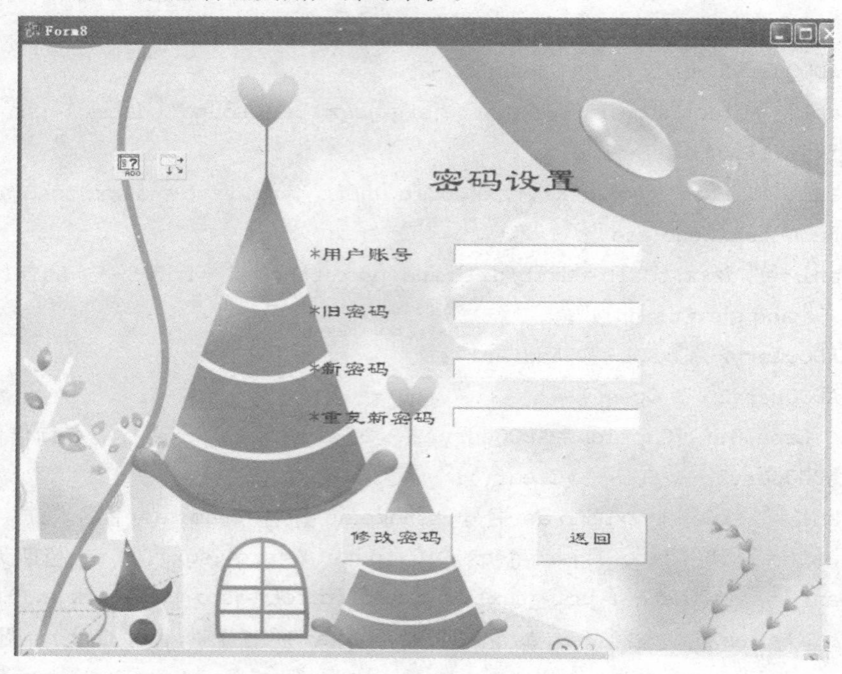

图 3-40 密码修改

(1)"修改密码"代码如下：

```
if(Edit1—>Text == ""||Form8—>Edit2—>Text == "")
{ShowMessage("对不起，用户名或密码不得为空");
return;
}
if(Edit3—>Text == ""||Form8—>Edit4—>Text == "")
{
ShowMessage("对不起，输入新密码不能为空");
return;
}
if(Edit3—>Text! = Form8—>Edit4—>Text)
{ShowMessage("两次密码不一致");
return;
}
```

```
ADOQuery1—>SQL—>Clear();
AnsiString an1 = "select * from mm ";
an1 += "where user1 = '" + Form8—>Edit1—>Text + "'";
an1 += "and password1 = '" + Form8—>Edit2—>Text + "'";
ADOQuery1—>SQL—>Add(an1);
ADOQuery1—>Open();
if(ADOQuery1—>RecordCount == 0)
{ShowMessage("对不起,用户名或密码错误,请重试");
return;
}
ADOQuery1—>SQL—>Clear();
an1 = "update mm set password1 = '" + Form8—>Edit3—>Text + "'";
an1 += "where user1 = '" + Form8—>Edit1—>Text + "'";
ADOQuery1—>SQL—>Add(an1);
ShowMessage(an1);
ADOQuery1—>ExecSQL();
ShowMessage("密码修改成功");
```

(2)"返回"代码如下：

```
  Form8—>Hide();
  Form2—>Show();
```

9. 统计窗口设计

如图 3-41 所示的统计窗口主要是对读者人数,书目册数以及在借书目数做一简单统计。

图 3-41　统计窗口

(1)“读者数统计”代码如下：

```
AnsiString an1 = "select count( * ) as zrs from dzxx";
  ADOQuery1—>SQL—>Clear();
ADOQuery1—>SQL—>Add(an1);
ADOQuery1—>Open();
Label2—>Caption = ADOQuery1—>FieldValues["zrs"];
```

(2)“图书总数”代码如下：

```
  AnsiString an1 = "select count( * ) as zcs from tsxx";
  ADOQuery1—>SQL—>Clear();
  ADOQuery1—>SQL—>Add(an1);
  ADOQuery1—>Open();
  Label2—>Caption = ADOQuery1—>FieldValues["zcs"];
```

(3)“借出总数”代码如下：

```
  AnsiString an1 = "select count( * ) as zcs from jyxx where ghrq is null";
  ADOQuery1—>SQL—>Clear();
  ADOQuery1—>SQL—>Add(an1);
  ADOQuery1—>Open();
  Label2—>Caption = ADOQuery1—>FieldValues["zcs"];
```

(4)“返回”代码如下：

```
  Form9—>Hide();
  Form2—>Show();
```

10. 其他窗口设计

本软件还有读者信息的录入、修改、查询、删除等操作，其方法同图书信息操作相同，由读者自行完成，这里就不再赘述。

3.3 基于 SQL Server 小型医院门诊管理系统

本案例用 SQL Server 数据库来设计一下小型医院门诊管理系统，要求完成基本看病收费统计管理，适用于一般企业或中小规模的医院门诊管理。

3.3.1 系统功能需求

如图 3-42 所示，医院门诊管理系统包括以下几个部分：

(1) 设计一个登录窗口，负责验证医院管理员的账户名，密码。

(2) 信息录入、查询、修改、删除操作主要是针对患者与医生与科室等信息表操作。

(3) 治疗，主要是针对病人治疗记录以及开处方等操作。

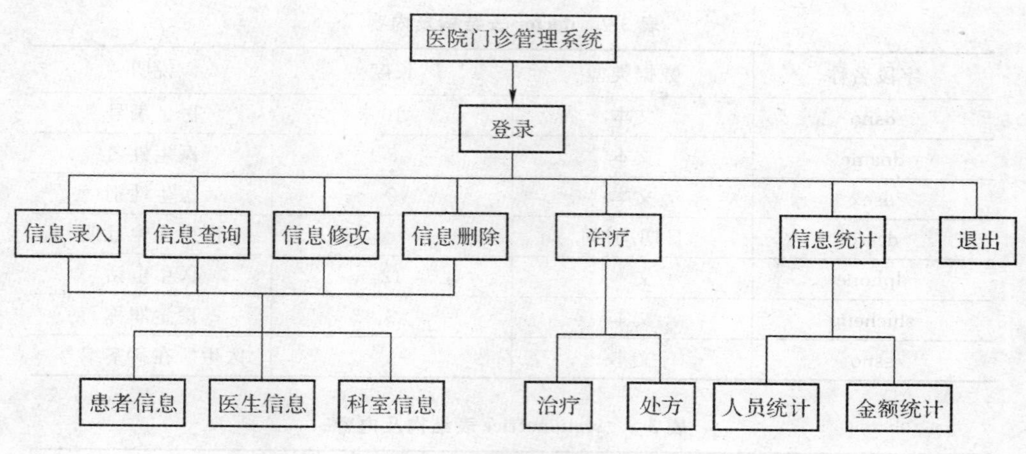

图 3-42 医院门诊管理系统

(4) 信息统计,是针对患者人数,以及医院的财务进行统计。
(5) 密码维护:可对医院管理员账户密码进行修改。

3.3.2 数据库的设计

下面用 SQL Server 数据库管理系统创建一 yiyuan 数据库,内含如下七张表:

patient 患者信息表
doctor 医生信息表
sectionoffice 科室信息表
cure 治疗信息表
chufang 处方信息表
project 治疗项目信息表
mm 密码表

每张表的具体结构及内容如表 3-6～表 3-12 所示。

表 3-6 patient 表结构及内容

字段名称	数据类型	长度	说明
psno	文本	10	患者编号
pname	文本	8	患者姓名
psex	文本	2	患者性别
csrq	日期/时间		患者出生日期
add	文本	60	患者家庭住址
bingshi	文本	100	患者病史
pphone	文本	12	患者联系电话

表 3-7 doctor 表结构及内容

字段名称	数据类型	长度	说明
dsno	文本	10	医生编号
dname	文本	8	医生姓名
dsex	文本	2	医生性别
dcsrq	日期/时间		医生出生日期
dphone	文本	12	医生电话
zhicheng	文本	8	医生职称
ssno	文本	4	医生所在科室编号

表 3-8 sectionoffice 表结构及内容

字段名称	数据类型	长度	说明
ssno	文本	4	科室编号
sname	文本	10	科室名称
sphone	文本	12	科室电话

表 3-9 cure 表结构及内容

字段名称	数据类型	长度	说明
psno	文本	10	患者编号
dsno	文本	10	医生编号
cdate	日期		治疗日期
cfsno	文本	17	处方编号
recover	备注		恢复情况
diagnosed date	备注		诊对结果

表 3-10 chufang 表结构及内容

字段名称	数据类型	长度	说明
cfsno	文本	17	处方编号
xmsno	文本	10	项目编号
sl	数字	整型	数量
cdate	日期		开方日期

表 3-11 project 表结构及内容

字段名称	数据类型	长度	说明
xmsno	文本	10	项目编号
xmmc	文本	10	项目名称
xmlb	文本	10	项目类别
money	数字	单精度	项目金额

表 3-12　mm 表结构及内容

字段名称	数据类型	长度	说明
User1	文本	10	账户
Password1	文本	20	密码
dsno	文本	10	医生编号

3.3.3　SQL Server 数据库的使用

这里以 SQL Server 2005 为例，安装好 SQL Server 2005 后。

(1)选择“开始”→“程序”→“Microsoft SQL Server 2005”→“SQL Server Managment Studio”进入 SQL Server 登录界面，如图 3-43 所示。

图 3-43　进入 SQL Server

(2)在登录界面中输入登录 SQL Server 系统的用户名及密码(安装时提供的)，如图 3-44 所示。

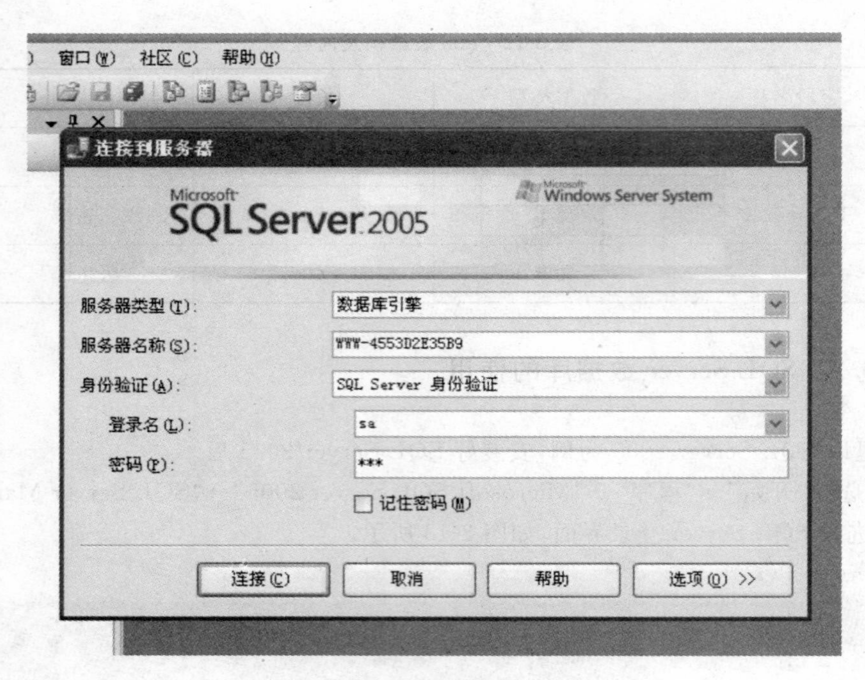

图 3-44 登录 SQL Server

(3)进入到 SQL Server 管理界面后，右击左边的“数据库”，在菜单中选择“新建”，弹出如图 3-45 所示的窗口，输入你要创建的数据库名字，如 yiyuan，然后再单击右下角的“添加”即可，完成 yiyuan 数据库的创建。

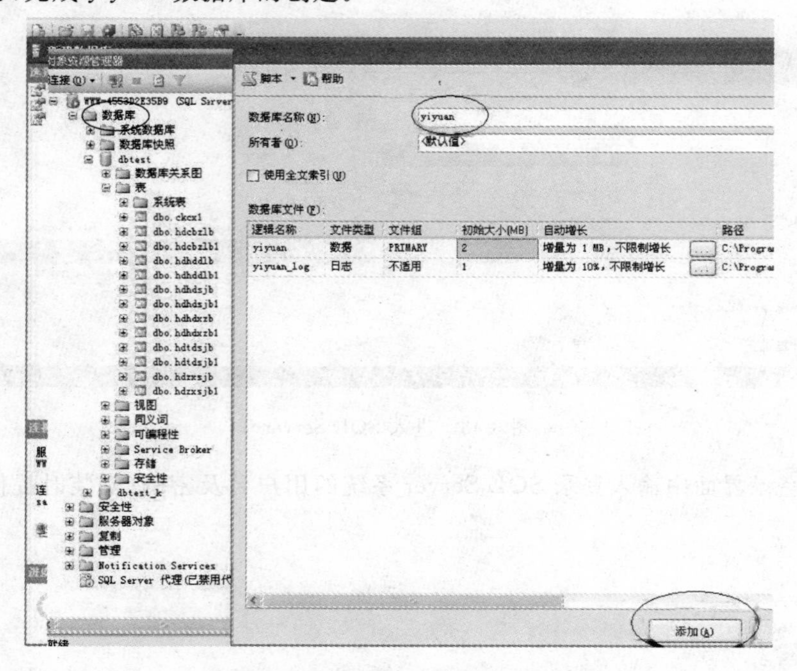

图 3-45 SQL Server 数据库的建立

(4)在“对象资源管理器”窗口，右击新建的 yiyuan 数据库，在弹出的菜单中选择“新建表”选项，开始建立数据表结构，如患者信息表 patient，如图 3-46 所示。

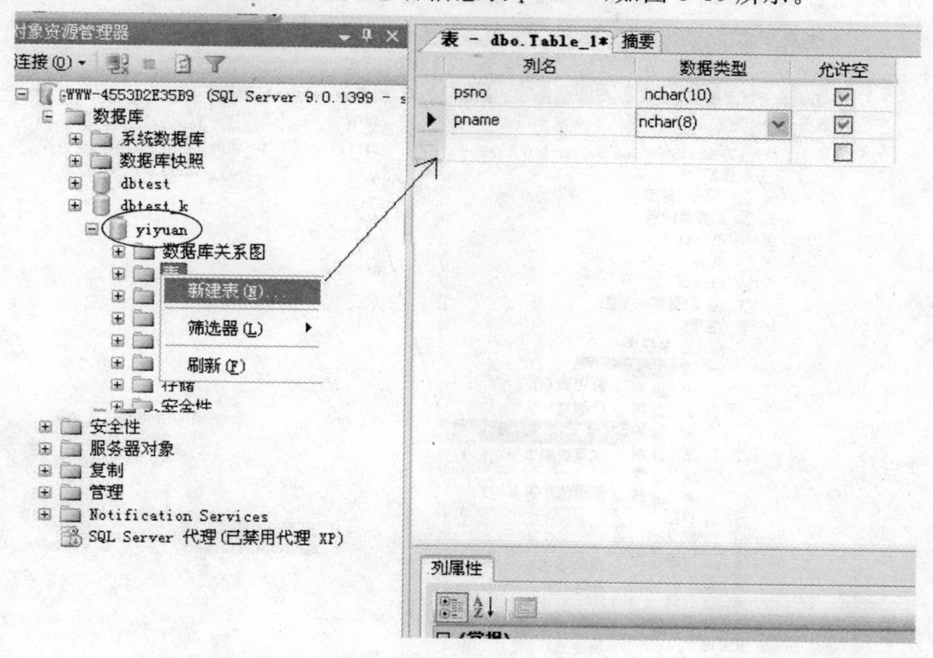

图 3-46　SQL Server 建表

(5)建好后单击保存图标，为表起名，如图 3-47 所示。

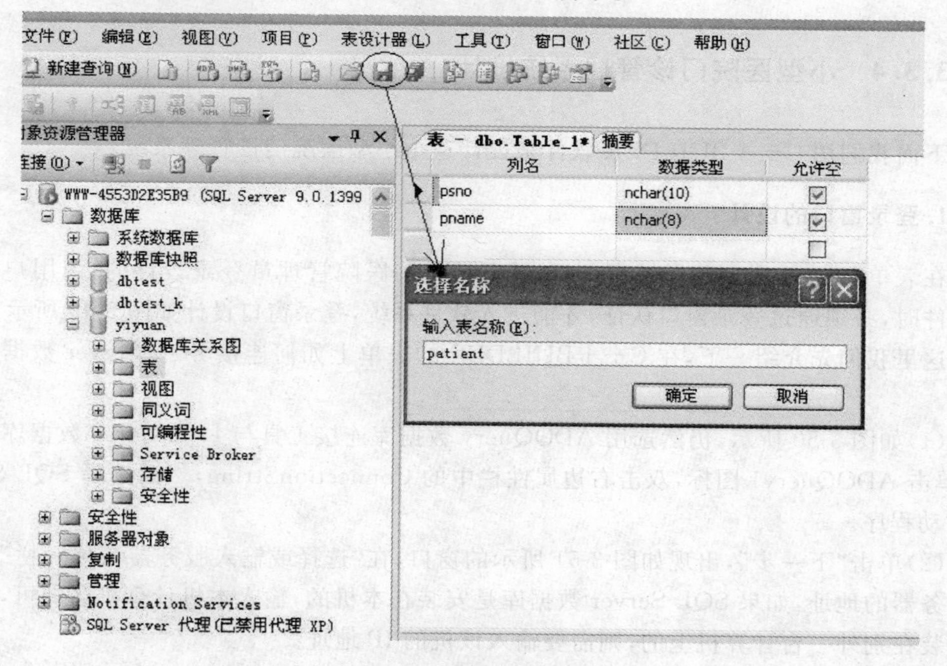

图 3-47　SQL Server 表保存

(6)选择刚建好的表,如 paient,右击,选择打开表,输入记录,如图 3-48 所示。

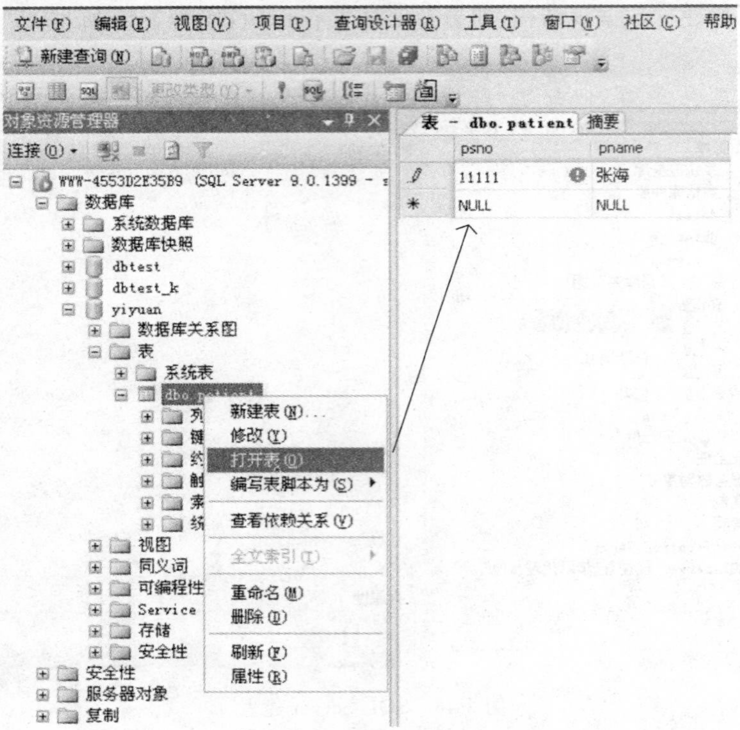

图 3-48 SQL Server 表数据录入

3.3.4 小型医院门诊管理系统设计

下面我们用 C++BUILDER 软件来设计这个小型医院门诊管理系统。

1. 登录窗口的设计

在表单 Form1 上创建登录窗口,登录窗口是为医院管理员登录设计的,当用户使用本软件时,必须通过登录窗口认证,才能进入软件系统,登录窗口设计如图 3-49 所示。

这里我们先介绍一下,在 C++BUILDER 的表单上如何连接 SQL Server 数据库的方法。

(1)如图 3-50 所示,仍然选用 ADOQuery 数据库连接工具与 Datasource 数据库原工具,单击 ADOQuery1 图标,双击右边属性栏中的 ConnectionString,然后选择 SQL Server 驱动程序。

(2)单击"下一步",出现如图 3-51 所示的窗口,在"选择或输入服务器名称一栏"中输入服务器的地址,如果 SQL Server 数据库是安装在本机的,输入本机计算机名即可,如果是安装在别外一台计算机上的,则需要输入该机的 IP 地址。

(3)在用户名、密码栏目中输入登录数据库的用户名及密码(安装时提供)。

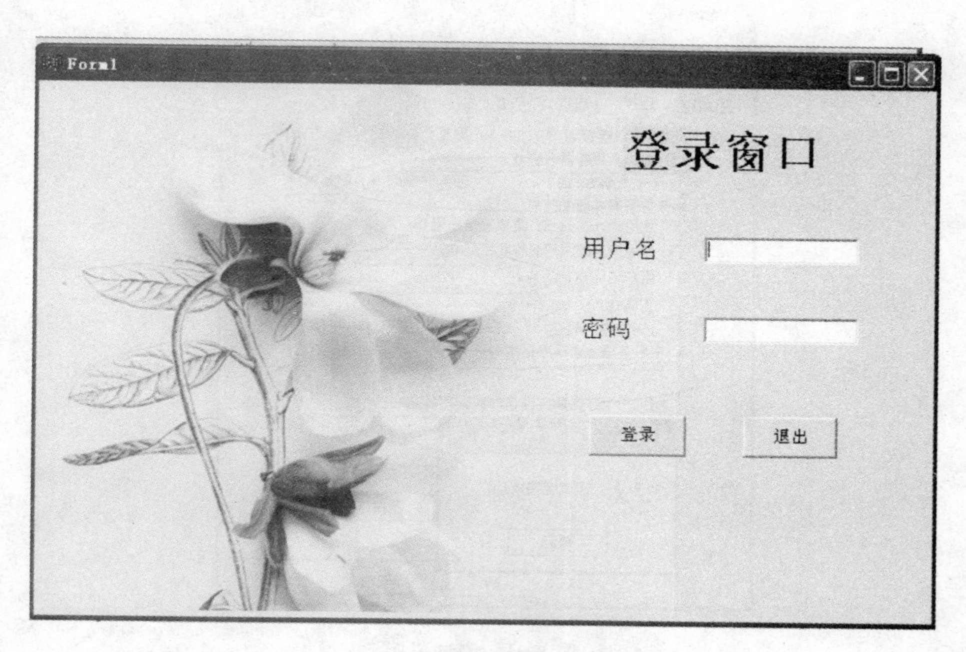

图 3-49　医院门诊管理系统登录窗口

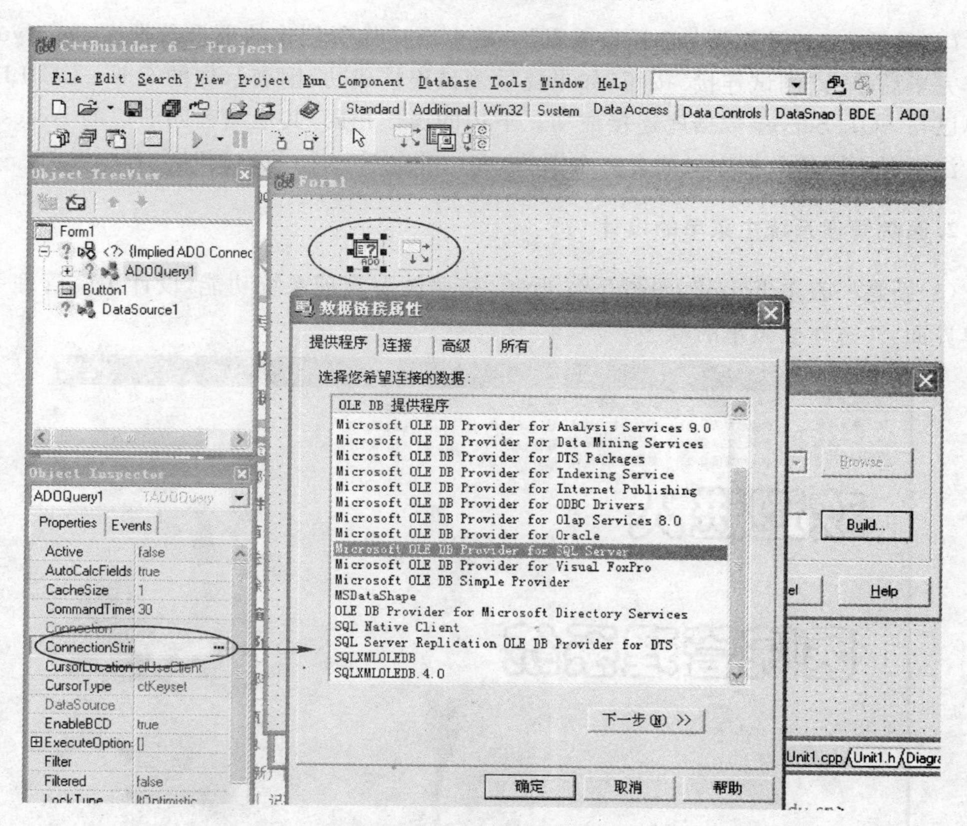

图 3-50　驱动程序选取

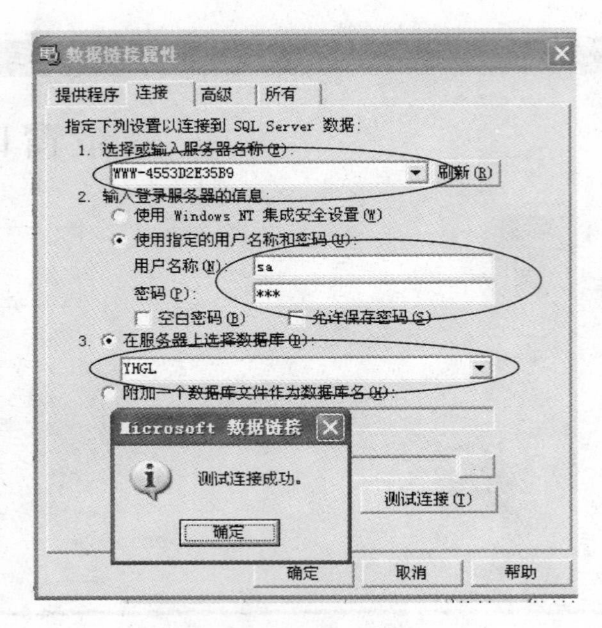

图 3-51 测试连接

(4)最后在“在服务器上选择数据库”一栏中选择你所创建的那个数据库，如 yiyuan。操作完毕后单击“测试连接”按钮，如果提示测试连接成功，则表示你的 C++BUILDER 表单已与 SQL Server 数据库连接成功。下边的操作相同，其他编程同前边的 Access 操作。注意对不同的数据库可能会有个别的 SQL 语句不一样，我们到时会有所说明。

2. 医院管理系统主菜单的设计

(1)新建一表单 Form2，如图 3-52 所示，按照医院管理系统功能，设计医院管理系统菜单界面，注意建立菜单的顺序。

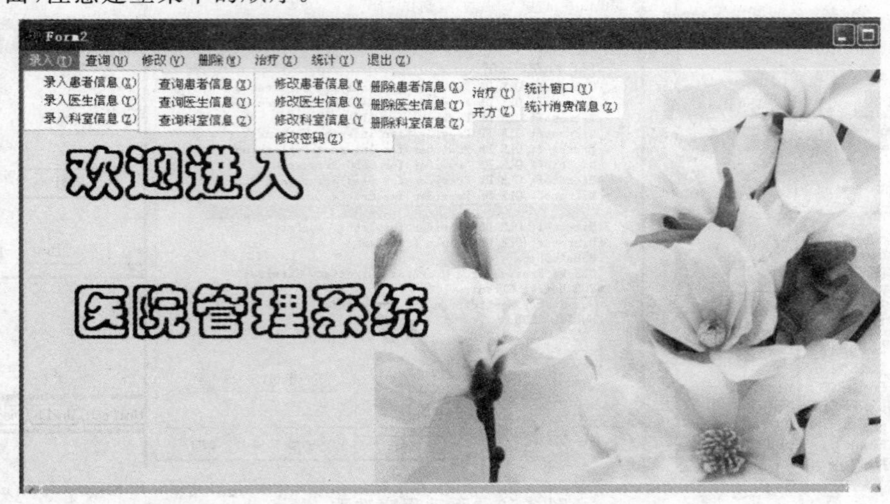

图 3-52 医院管理系统主菜单

(2)单击窗口上部的标准按钮“Standard”,然后选择“MainMenu”按钮,将其拖到表单上。

(3)双击,出现菜单输入框后,在左边属性栏对应的“Caption”中输入菜单内容。

3. 患者信息录入窗口设计

下边设计患者信息录入窗口,如图 3-53 所示。

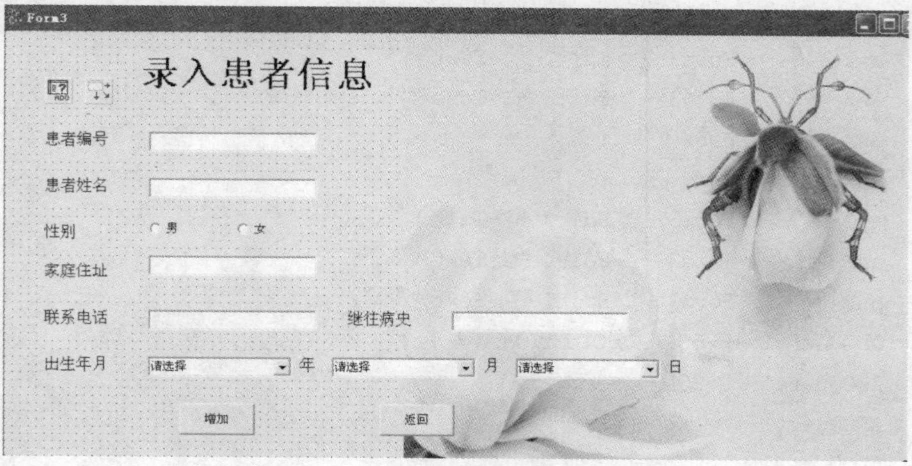

图 3-53　患者信息录入

(1)“增加”代码如下:

```
AnsiString anl = "select * from patient where ";
anl += "psno = '" + Edit1->Text + "'";
ADOQuery1->SQL->Clear();
ADOQuery1->SQL->Add(anl);
ADOQuery1->Open();
if(ADOQuery1->RecordCount == 1)
{ShowMessage("对不起,已经存在该患者编号,请重新输入");
  Edit1->SetFocus();
  return;}
if(Edit1->Text == "" || Edit2->Text == "" || RadioButton1->Checked ==
0&&RadioButton2->Checked == 0 || Edit3->Text == "" || Edit4->Text == "" ||
Edit5->Text == "" || ComboBox1->Text == "请选择" || ComboBox2->Text == "请
选择" || ComboBox3->Text == "请选择")
{ShowMessage("请输入完整信息");}
else
{
AnsiString csrq,psex;
```

```
csrq = ComboBox1->Text + "-" + ComboBox2->Text + "-" + ComboBox3->Text;
if(Form3->RadioButton1->Checked == 1)
{psex = "男";}
else
{psex = "女";}
AnsiString an2 = "insert into patient values( ";
an2 += "'" + Form3->Edit1->Text + "',";
an2 += "'" + Form3->Edit2->Text + "',";
an2 += "'" + psex + "',";
an2 += "'" + csrq + "',";
an2 += "'" + Form3->Edit3->Text + "',";
an2 += "'" + Form3->Edit4->Text + "',";
an2 += "'" + Form3->Edit5->Text + "')";
ADOQuery1->SQL->Clear();
ADOQuery1->SQL->Add(an2);
ADOQuery1->ExecSQL();
ADOQuery1->Close();
ShowMessage("增加成功");
```

(2)"返回"代码如下：

```
Form2->Show();
Form3->Hide();
```

4. 患者信息查询窗口设计

如图 3-54 所示的患者信息查询窗口，可以按编号，姓名，性别，出生年月等不同类别进行患者信息查询。

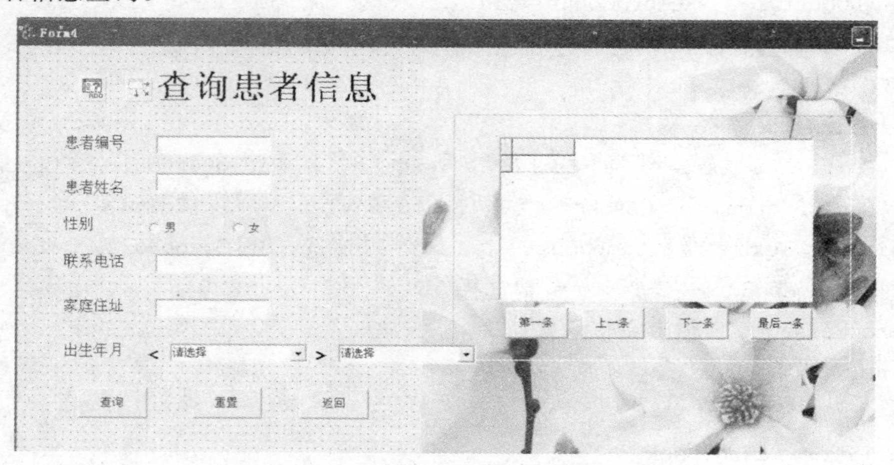

图 3-54　患者信息查询

(1)"查询"代码如下：

```
AnsiString xb = "";
  if(RadioButton1—>Checked == 1)
    { xb = "男";}
    if(RadioButton2—>Checked == 1)
    { xb = "女";}
    ADOQuery1—>SQL—>Clear();
    AnsiString an1 = " select * from patient where ";
    if(Form4—>Edit1—>Text! = "")
  {an1 += "psno = '" + Form4—>Edit1—>Text + "' and ";}
    if(Form4—>Edit2—>Text! = "")
    {an1 += "pname = '" + Form4—>Edit2—>Text + "' and ";}

    if(xb! = "")
    {an1 += "psex = '" + xb + "' and ";}

if(Form4—>Edit3—>Text! = "")
    {an1 += "pphone = '" + Form4—>Edit3—>Text + "' and ";}
  if(Form4—>Edit4—>Text! = "")
    {an1 += "add = '" + Form4—>Edit4—>Text + "' and ";}

    if(ComboBox1—>Text! = "请选择")
  {an1 += "year(csrq)> = " + ComboBox1—>Text + " and ";}
    if(ComboBox2—>Text! = "请选择")
  {an1 += "year(csrq)< = " + ComboBox2—>Text + " and ";}
  an1 += "year(csrq)>1900;";
  ADOQuery1—>SQL—>Add(an1);
  ADOQuery1—>Open();
  DBGrid1—>DataSource = DataSource1;
            // 动态设置数据源,当然也可事先(静态)设置好
```

(2)"重置"代码如下：

```
    Edit1—>Text = "";
    Edit2—>Text = "";
RadioButton1—>Checked = false;
RadioButton2—>Checked = false;
  Edit3—>Text = "";
    Edit4—>Text = "";
ComboBox1—>Text = "请选择";
```

```
ComboBox2—>Text = "请选择";
Form4—>Refresh();
```

(3)"返回"代码如下：

```
Form2—>Show();
Form4—>Hide();
```

5. 患者信息修改窗口设计

如图 3-55 所示，需要先将修改按钮 Button1 的 Enable 属性设为 False，即为灰色，不可单击状态，在患者信息修改时，先输入要修改的患者编号，单击"查询"按钮，然后根据该患者编号内容来进行修改，否则无法单击修改按钮。

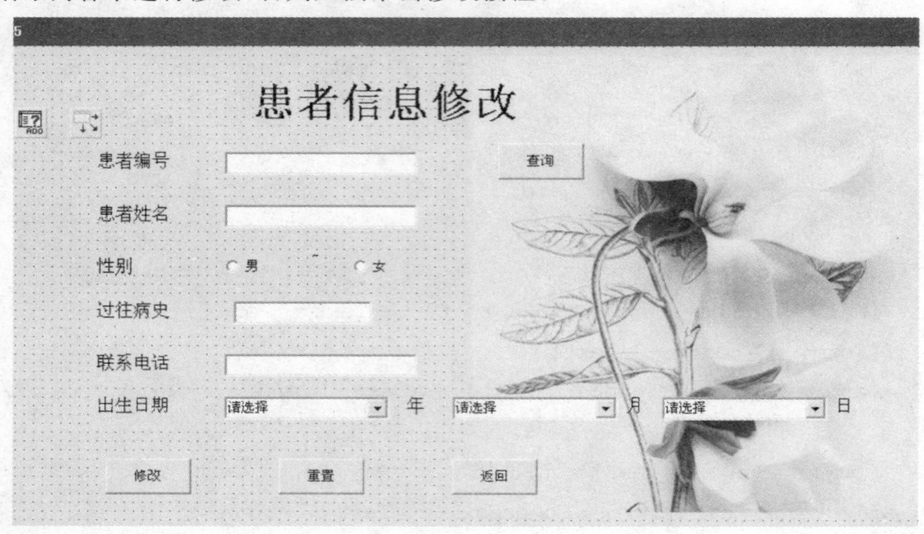

图 3-55 患者信息修改

(1)"查询"代码如下：

```
if(Edit1—>Text == "请查询输入患者编号")
  {ShowMessage("请查询输入要查询患者编号");
  return;
  }
  ADOQuery1—>SQL—>Clear();
  AnsiString an1 = "select psno,pname,bingshi,pphone,psex,year(csrq) as
  nn,month(csrq) as ";
an1 += "yy,day(csrq) as rr from patient where ";
an1 += "psno = '" + Edit1—>Text + "'";
ADOQuery1—>SQL—>Add(an1);
ADOQuery1—>Open();
```

```
    Edit1->Text = ADOQuery1->FieldValues["psno"];
    Edit2->Text = ADOQuery1->FieldValues["pname"];
      // Edit3->Text = ADOQuery1->FieldValues["add"];
    Edit4->Text = ADOQuery1->FieldValues["bingshi"];
    Edit5->Text = ADOQuery1->FieldValues["pphone"];

    AnsiString psex;
    psex = ADOQuery1->FieldValues["psex"];
    if(psex == "男")
    {RadioButton1->Checked = true;}
    if(psex == "女")
    {RadioButton2->Checked = true;}
    ComboBox1->Text = ADOQuery1->FieldValues["nn"];
    ComboBox2->Text = ADOQuery1->FieldValues["yy"];
    ComboBox3->Text = ADOQuery1->FieldValues["rr"];
```

(2)"修改"代码如下：

```
    AnsiString psex,csrq;
      if(RadioButton1->Checked == true)
      { psex = "男";}
      else
      { psex = "女";}
      csrq = ComboBox1->Text + '/' + ComboBox2->Text + '/' + ComboBox3->
Text;
      ADOQuery1->SQL->Clear();
      AnsiString an1 = "update patient set ";
      an1 += "psno = '" + Edit1->Text + "',";
      an1 += "pname = '" + Edit2->Text + "',";
      an1 += "psex = '" + psex + "',";
        an1 += "csrq = '" + csrq + "',";
        //an1 += "add = '" + Edit3->Text + "',";
        an1 += "bingshi = '" + Edit4->Text + "',";
        an1 += "pphone = '" + Edit5->Text + "' ";
        an1 += "where psno = '" + Edit1->Text + "'";
      ADOQuery1->SQL->Add(an1);
        ShowMessage(an1);
      ADOQuery1->ExecSQL();
      ShowMessage("修改成功");
```

(3)“重置”代码如下：

```
Edit1—>Text = "";
    Edit2—>Text = "";
    // Edit3—>Text = "";
    Edit4—>Text = "";
    Edit5—>Text = "";
  RadioButton1—>Checked = false;
  RadioButton2—>Checked = false;
  ComboBox1—>Text = "请选择";
  ComboBox2—>Text = "请选择";
  ComboBox3—>Text = "请选择";
  Form5—>Refresh();
```

(4)“返回”代码如下：

```
Button1—>Enabled=false; //关闭修改按钮
Form5—>Hide();
Form2—>Show();
```

6. 患者信息删除窗口设计

如图 3-56 所示，同样先将“删除”按钮 Button1 的 Enable 属性设为 False，然后请求输入要删除的患者编号，再单击“查询”按钮，当查到了后，再开放“删除”按钮，即可以进行删除操作了。

图 3-56　患者信息删除

(1)“查询”代码如下：

```
if(Edit1->Text == "")
{ShowMessage("请查询输入要查询的患者编号");
return;
}
ADOQuery1->SQL->Clear();
AnsiString an1 = "select * from patient where ";
an1 += "psno = '" + Form6->Edit1->Text + "'";
ADOQuery1->SQL->Add(an1);
ADOQuery1->Open();
DBGrid1->DataSource = DataSource1;
```

(2)“删除”代码如下：

```
nt aa;
  aa = MessageBox(NULL,"真的要删除该患者记录吗?","询问窗口",4);
  if(aa == 6)
  {ADOQuery1->SQL->Clear();
  AnsiString an1 = "delete from patient where ";
  an1 += "psno = '" + Form6->Edit1->Text + "'";
  ADOQuery1->SQL->Add(an1);
  ADOQuery1->ExecSQL();
  ShowMessage("删除成功");
  DBGrid1->DataSource = DataSource1;}
  else
  {return;}
```

(3)“返回”按钮代码如下：

```
Form6->Hide();
Form2->Show();
```

7. 患者治疗窗口设计

(1)治疗窗口设计

如图3-57所示的治疗窗口，是本系统的关键所在，它包含了治疗与开方两部分，治疗主要是针对患者下一诊断结论，开方则是为患者下一处方。

具体操作，先要输入患者编号，这里的编号必须在患者信息表中存在的，否则系统拒绝录入，处方编号输入001～999之间任意数据，注处方编号是由“科室编号＋当日日期＋输入的编号”共同组成的，如输入了001，假设该医生在A008科室，今天是2012-7-30日，则处方编号为A0082012-7-30001，这样某个医生将来只能针对自己科室的处方进行查看，对于同一处方，系统会提示“不得输入”的警告。

图 3-57 治疗窗口

① “提交”代码如下：

```
if(Edit1->Text == ""||Edit3->Text == "" )
    {ShowMessage("对不起,患者,处方编号中可能有空数据,请重试");
  Edit1->SetFocus();
  return;
    }

    //识别是否是本院病人
  AnsiString an1 = "select * from patient where ";
an1 += "psno = '" + Edit1->Text + "'";
ADOQuery1->SQL->Clear();
ADOQuery1->SQL->Add(an1);
ADOQuery1->Open();
if(ADOQuery1->RecordCount == 0)
{ShowMessage("对不起,该编号不是本院病人的,请重试");
  Edit1->SetFocus();
  return;}
    //取科室号
  an1 = "select ssno from doctor where dsno = '" + ysh + "'";
ADOQuery1->SQL->Clear();
```

```
ADOQuery1->SQL->Add(an1);

ADOQuery1->Open();
  AnsiString cfh;
  cfh = ADOQuery1->FieldValues["ssno"] + DateToStr(Date()) + Edit3->Text;

  //识别处方是否开重
  an1 ="select * from cure where ";
an1 += "psno = '" + Edit1->Text + "' and cfsno = '" + cfh + "'";
ADOQuery1->SQL->Clear();
ADOQuery1->SQL->Add(an1);
ADOQuery1->Open();
if(ADOQuery1->RecordCount == 1)
{ShowMessage("对不起,已经存在该患者编号的处方信息,请重新输入");
  Edit1->SetFocus();
  return;}
    an1 ="insert into cure values( ";
    an1 +=" '" + Edit1->Text + "',";
    an1 +=" '" + ysh + "',";
    an1 +=" '" + cfh + "',";
    an1 +=" '" + DateToStr(Date()) + "',";
    an1 +=" '" + Edit4->Text + "',";
    an1 +=" '" + Edit5->Text + "')";

    ADOQuery1->SQL->Clear();
    ADOQuery1->SQL->Add(an1);
    ADOQuery1->ExecSQL();
    ADOQuery1->Close();
    ShowMessage("增加成功");
    Button4->Enabled = true;
```

②"重置"代码如下：

```
    Edit1->Text = "";
      Edit3->Text = "";
      Edit4->Text = "";
      Edit5->Text = "";
      Form14->Refresh();
```

③“返回”代码如下：

```
Form14—>Hide();
Form2—>Show();
```

④“开方”代码如下：

```
AnsiString an1 = "select ssno from doctor where dsno = '" + ysh + "'";
ADOQuery1—>SQL—>Clear();
ADOQuery1—>SQL—>Add(an1);

ADOQuery1—>Open();

  AnsiString ksh = ADOQuery1—>FieldValues["ssno"];
  ksh = ksh + "%";

  an1 = "select * from cure where ";
  an1 += "dsno = '" + ysh + "' and cdate = date() and cfsno like '" + ksh + "' order
  by cfsno desc";
ADOQuery1—>SQL—>Clear();
ADOQuery1—>SQL—>Add(an1);
ADOQuery1—>Open();
int i;
for(i = 1;i< = ADOQuery1—>RecordCount;i + + )
{Form15—>ComboBox1—>Items—>Add(ADOQuery1—>FieldValues["cfsno"]);
ADOQuery1—>Next();
}

an1 = "select distinct xmlb from project ";

ADOQuery1—>SQL—>Clear();
ADOQuery1—>SQL—>Add(an1);
ADOQuery1—>Open();

for(i = 1;i< = ADOQuery1—>RecordCount;i + + )
{Form15—>ComboBox2—>Items—>Add(ADOQuery1—>FieldValues["xmlb"]);
ADOQuery1—>Next(); }
Form15—>Show();
Form14—>Hide();
```

(2)开方窗口设计

开方按钮是为了医生的方便，在治疗完毕后，直接单击“开方”按钮为患者下处方。

如图 3-58 所示，在开方窗口中，可以从“处方编号”下拉框中选择本科室的所有处方，选好后就可以单击“查询”按钮，查看该处方的明细及费用。

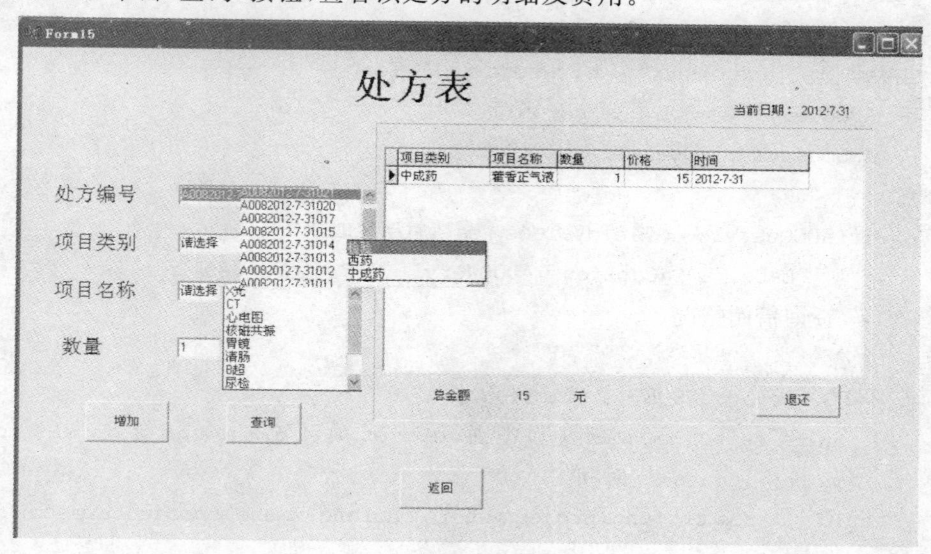

图 3-58　处方窗口

如果接着录入处方明细，则需要选择项目类别，如检验、中药、西药等，选中后，在项目名称下拉框中自动会出现对应类别的项目，数量默认值为 1，填好后即可单击“增加”按钮，则该明细将被增加到处方表中对应的处方号下。

如果发现所开的处方明细有误，还可以选中该明细，再单击“退还”按钮，则将该明细退掉。

①“查询”代码如下：

```
if (ComboBox1->Text == "请选择")
  {ShowMessage("对不起，请先选择要查询的处方编号");
  return;   }
    //查询花费金额

        ADOQuery1->SQL->Clear();
      AnsiString an1 = "select * ";
    an1 += " from chufang,project where chufang.xmsno = project.xmsno ";
an1 += " and cfsno = '" + ComboBox1->Text + "'";
    ADOQuery1->SQL->Add(an1);
    ADOQuery1->Open();
          if (ADOQuery1->RecordCount == 0)
{ShowMessage("对不起，该处方还没有开过");
return;   }
```

```
        ADOQuery1->SQL->Clear();
    an1 ="select sum(sl * money) as zje ";
      an1 += " from chufang,project where chufang.xmsno = project.xmsno ";
      an1 += " and cfsno = '" + ComboBox1->Text + "'";
      ADOQuery1->SQL->Add(an1);
      ADOQuery1->Open();

      if(ADOQuery1->FieldValues["zje"]! = NULL)
          {Label7->Caption = ADOQuery1->FieldValues["zje"]; }
       //查询借阅情况

       ADOQuery1->SQL->Clear();
        an1 ="select xmlb as 项目类别,xmmc as 项目名称,sl as 数量, sl * money
        as 价格,cdate as 时间";
      an1 += " from chufang,project where chufang.xmsno = project.xmsno ";
      an1 += " and cfsno = '" + ComboBox1->Text + "'";
      ADOQuery1->SQL->Add(an1);
      ADOQuery1->Open();
      DBGrid1->DataSource = DataSource1;
```

②“增加”代码如下：

```
if(ComboBox1->Text =="请选择"||ComboBox2->Text =="请选择"||ComboB-
ox3->Text =="请选择")
    { ShowMessage("对不起,请检查编号,类别及名称是否有没选的");
  return;
    }
AnsiString an1,jrq,hrq,xj;

//判断该项目号
   an1 ="select xmsno from project where ";
an1 +="xmmc = '" + ComboBox3->Text + "' ";
ADOQuery1->SQL->Clear();
ADOQuery1->SQL->Add(an1);
     ADOQuery1->Open();
AnsiString xmh = ADOQuery1->FieldValues["xmsno"];

   an1 ="insert into chufang values(";
  an1 +="'" + ComboBox1->Text + "',";
  an1 +="'" + xmh + "',";
```

```
  an1 +="'" + Edit4—>Text + "',";
  an1 +="'" + DateToStr(Date()) +"')";
  ADOQuery1—>SQL—>Clear();
ADOQuery1—>SQL—>Add(an1);
  ADOQuery1—>ExecSQL();
ADOQuery1—>Close();
ShowMessage("增加成功");

   //查询花费金额
       ADOQuery1—>SQL—>Clear();
     an1 ="select sum(sl * money) as zje ";
    an1 +=" from chufang,project where chufang.xmsno = project.xmsno ";
    an1 +=" and cfsno ='" + ComboBox1—>Text +"'";
    ADOQuery1—>SQL—>Add(an1);
    ADOQuery1—>Open();

    if(ADOQuery1—>FieldValues["zje"]! = NULL)
          {Label7—>Caption = ADOQuery1—>FieldValues["zje"]; }
     //查询借阅情况

     ADOQuery1—>SQL—>Clear();
    an1 ="select xmlb as 项目类别,xmmc as 项目名称,sl as 数量, sl * money as
    价格,cdate as 时间 ";
    an1 +=" from chufang,project where chufang.xmsno = project.xmsno ";
    an1 +=" and cfsno ='" + ComboBox1—>Text +"'";
    ADOQuery1—>SQL—>Add(an1);
    ADOQuery1—>Open();
    DBGrid1—>DataSource = DataSource1;
```

③"退还"代码如下：

```
int aa = MessageBox(NULL,"真的要去掉该项内容吗?","询问窗口",4);
  AnsiString xmmc = ADOQuery1—>FieldValues["项目名称"];
  if(aa == 6)
  {ADOQuery1—>SQL—>Clear();
  AnsiString an1 ="delete from chufang where ";
  an1 +="cfsno ='" + ComboBox1—>Text +"' and xmsno in(";
  an1 +="select xmsno from project where xmmc ='" + xmmc +"') ";
  ADOQuery1—>SQL—>Add(an1);
```

```
   ADOQuery1->ExecSQL();
   ADOQuery1->SQL->Clear();
      an1 ="select * ";
     an1 +=" from chufang,project where chufang.xmsno = project.xmsno ";
     an1 +=" and cfsno = '" + ComboBox1->Text +"'";
     ADOQuery1->SQL->Add(an1);
     ADOQuery1->Open();
                if (ADOQuery1->RecordCount == 0)
{ShowMessage("对不起,该处方还没有开过");
return;   }
        ADOQuery1->SQL->Clear();
   an1 ="select sum(sl * money) as zje ";
     an1 +=" from chufang,project where chufang.xmsno = project.xmsno ";
     an1 +=" and cfsno = '" + ComboBox1->Text +"'";
     ADOQuery1->SQL->Add(an1);
     ADOQuery1->Open();
```

④“返回”代码如下：

```
Form15->Hide();
Form2->Show();
```

8. 统计窗口设计

在统计窗口中主要是针对患者数,处方数,项目数以及按不同日期医院产生的费用数进行统计,如图 3-59 所示。

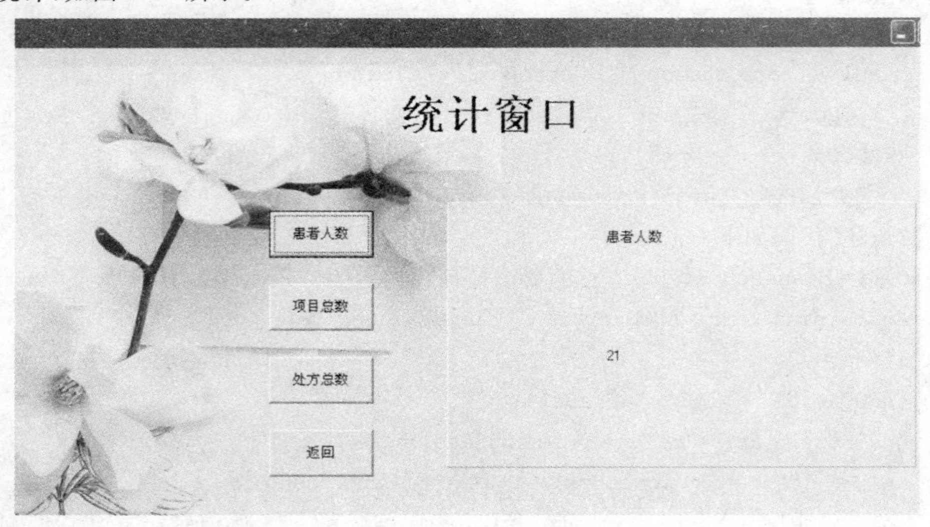

图 3-59　综合统计窗口

(1)“患者人数”代码如下：

```
ADOQuery1->SQL->Clear();
AnsiString an1 = "select count(psno) as hzrs from patient";
ADOQuery1->SQL->Add(an1);
ADOQuery1->Open();
Label2->Caption = "患者人数";
Label3->Caption = ADOQuery1->FieldValues["hzrs"];
```

(2)“项目总数”代码如下：

```
DOQuery1->SQL->Clear();
AnsiString an1 = "select count( * ) as xmzs from project";
ADOQuery1->SQL->Add(an1);
ADOQuery1->Open();
Label2->Caption = "项目总数";
Label3->Caption = ADOQuery1->FieldValues["xmzs"];
```

(3)“处方总数”代码如下：

```
ADOQuery1->SQL->Clear();
AnsiString an1 = "select count( * ) as cfzs from chufang";
ADOQuery1->SQL->Add(an1);
ADOQuery1->Open();
Label2->Caption = "处方总数";
Label3->Caption = ADOQuery1->FieldValues["cfzs"];
```

9. 收费统计窗口设计

如图 3-60 所示，在该窗口内可以按不同日期对医院产生的费用数进行统计。

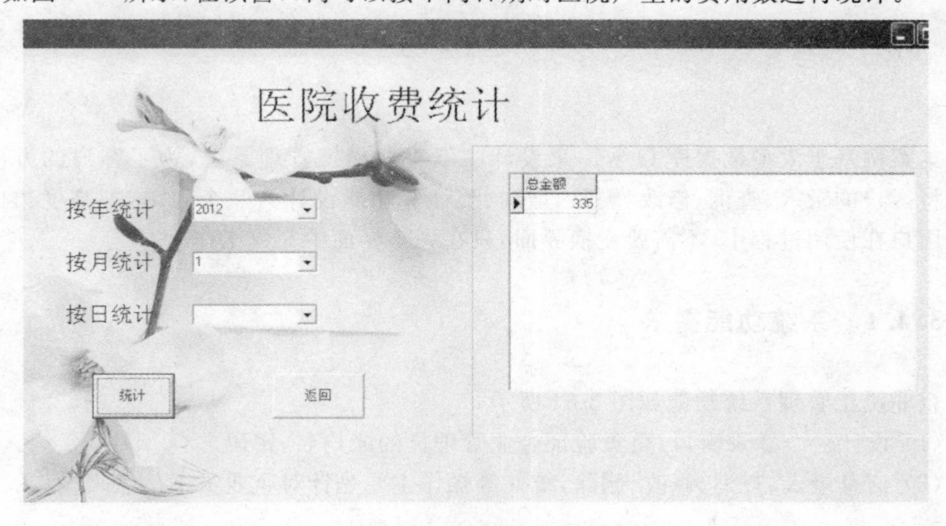

图 3-60　收费统计窗口

医院收费统计代码如下：

```
ADOQuery1—>SQL—>Clear();
    AnsiString an1 = "select sum(sl * money) as 总金额 ";
  an1 += " from chufang,project where chufang.xmsno = project.xmsno and ";
  if (ComboBox1—>Text! = "")
  an1 += " year(cdate) = " + ComboBox1—>Text + " and ";
  if (ComboBox2—>Text! = "" && ComboBox1—>Text! = "")
  {an1 += " month(cdate) = " + ComboBox2—>Text + " and "; }

  if (ComboBox3—> Text! = "" && ComboBox2—> Text! = "" && ComboBox1—>
  Text! = "")
  {an1 += " day(cdate) = " + ComboBox3—>Text + " and "; }
  an1 += " year(cdate)>1900 ";
  ADOQuery1—>SQL—>Add(an1);
  ADOQuery1—>Open();
DBGrid1—>DataSource = DataSource1;
}
```

10. 其他窗口设计

本软件还有医生信息的录入、修改、查询、删除等操作，科室信息的录入、修改、查询、删除等操作，以及密码维护等操作，其方法同其他操作类似，前面已介绍，由读者自行完成，这里就不再赘述。

3.4 基于 Oracle 企业员工管理系统

本案例基于大型数据库 Oracle 来设计一下企业员工管理系统，为了客户的方便，本案例将客户的录入、查询、修改、删除、增加、统计等功能设计为一个表单，即高度集成化，这样用户在使用过程中，不需要变换界面，只在一个界面中完成工作。

3.4.1 系统功能需求

企业员工管理系统功能如图 3-61 所示。

(1) 设计一个登录窗口，负责验证企业管理员的账户名，密码。

(2) 信息录入、查询、修改、删除，统计等操作主要是针对企业员工信息表操作。

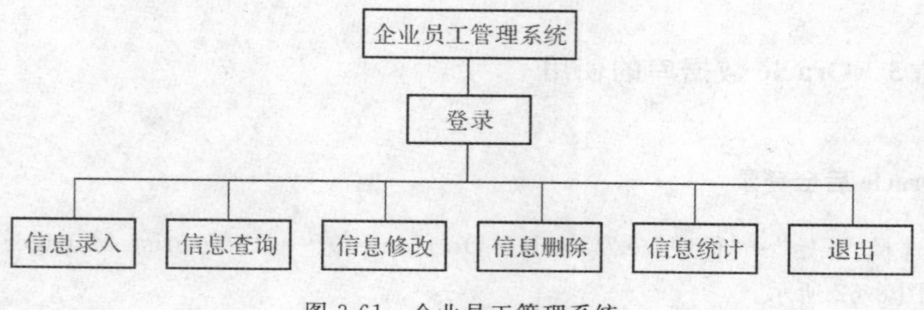

图 3-61 企业员工管理系统

3.4.2 数据库的设计

下面用 Oracle 数据库管理系统创建 2 张数据表：

admin1　　企业员工信息表

mm　　密码表

企业员工信息表主要存放的是企业员工的信息，主要包括员工号，员工名，联系电话，职务，地址，邮箱等信息。其数据类型，字段属性及字段含义如表 3-13 所示：

表 3-13 ADMIN1 表结构

字段名称	数据类型	长度	说明
ygh	varchar2	20	员工号
yhm	varchar2	8	员工名
lxdh	varchar2	20	联系电话
zw	varchar2	10	职务
dz	varchar2	50	住址
dmail	varchar2	30	邮箱

密码表主要存放的是用户密码信息，包括用户姓名以及登录密码等。其数据类型，字段属性及字段含义如表 3-14 所示：

表 3-14 admin1 表结构

字段名称	数据类型	长度	说明
user1	varchar2	10	账户
password1	varchar2	20	密码
dsno	varchar2	20	员工号

3.4.3 Oracle 数据库的使用

1. Oracle 后台登录

(1)选择“开始”→“程序”→“Oracle－OraHome90”→“Enterprise Manager Console”命令,如图 3-62 所示。

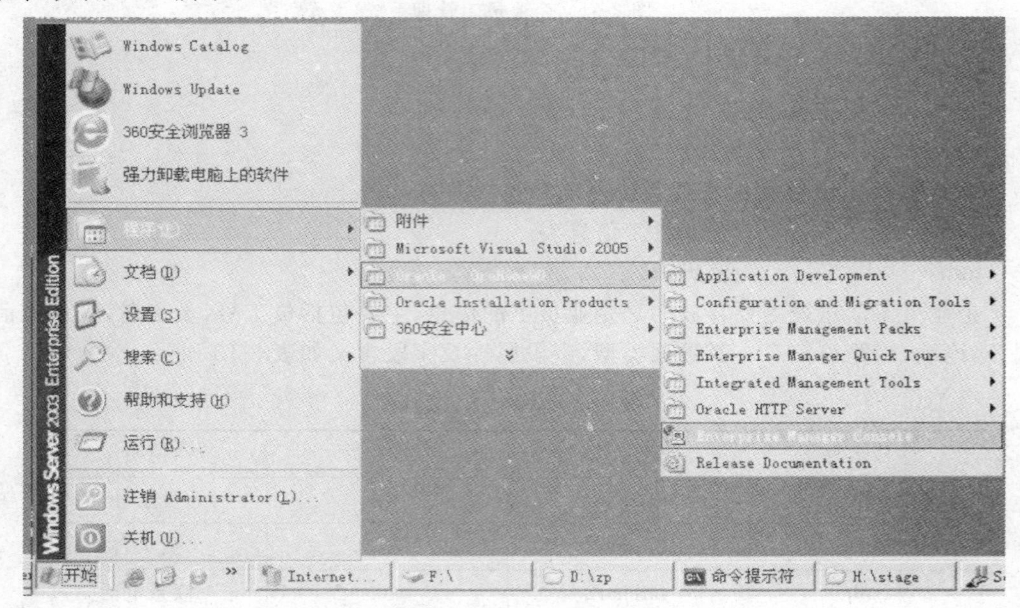

图 3-62　Oracle 后台进入

(2)弹出的登录界面如图 3-63 所示,选择“独立启动”,并单击“确定”。

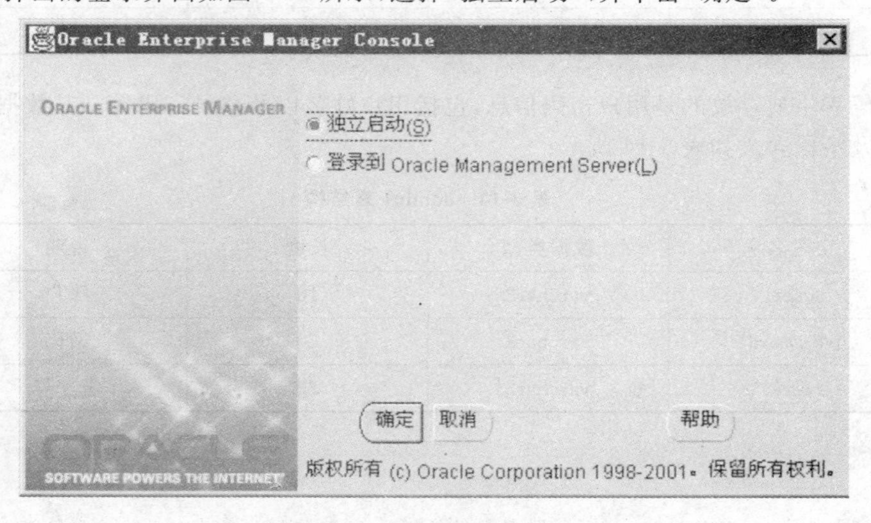

图 3-63　Oracle 后台登录界面

(3)在弹出的窗口(见图 3-64),单击“网络”下的“数据库”,弹出“数据库连接信息”窗口,如图 3-65 所示。

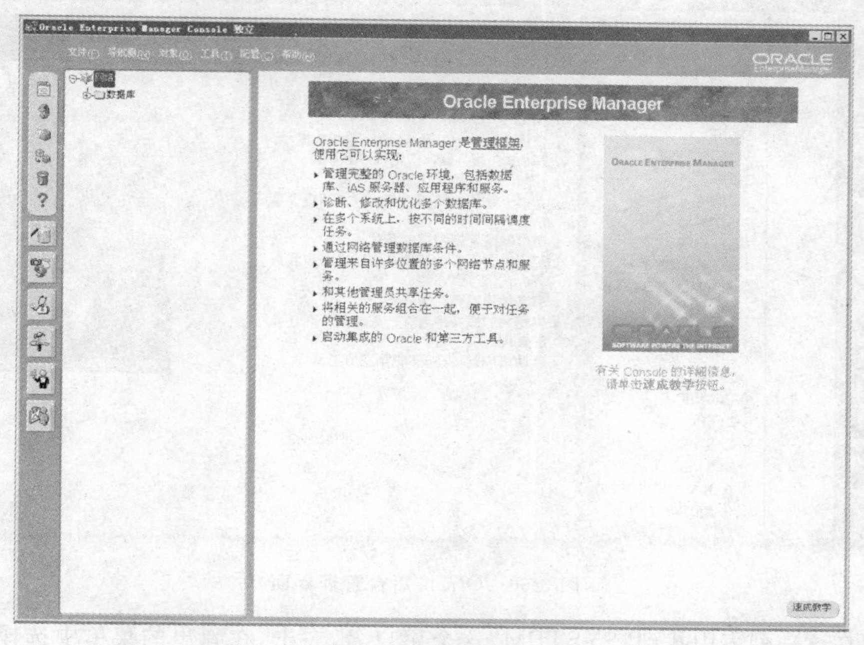

图 3-64　Oracle 后台管理

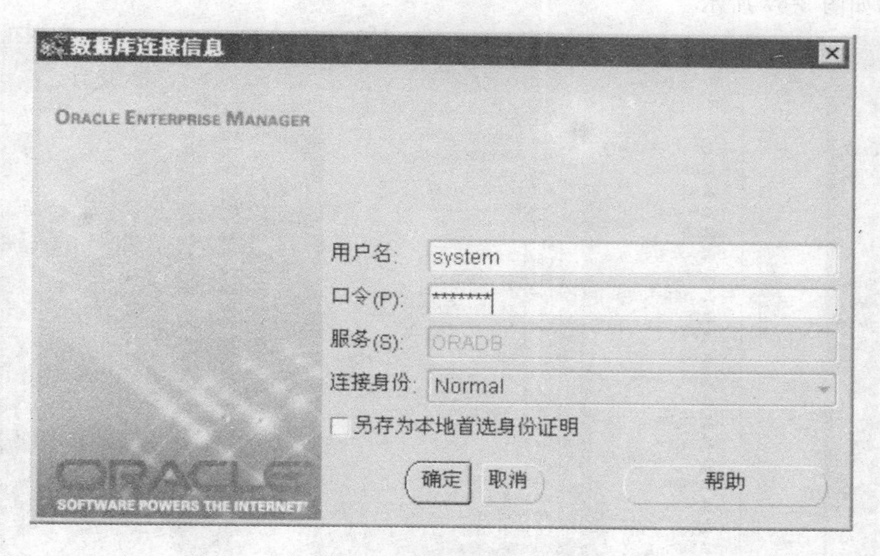

图 3-65　数据库连接信息

这里的用户名及密码是在 Oracle 安装时设置的。

2. Oracle 数据表的建立

(1)在“ORADB-system”下的“方案”一栏中,找到名为“表”的文件夹,如图 3-66 所示。

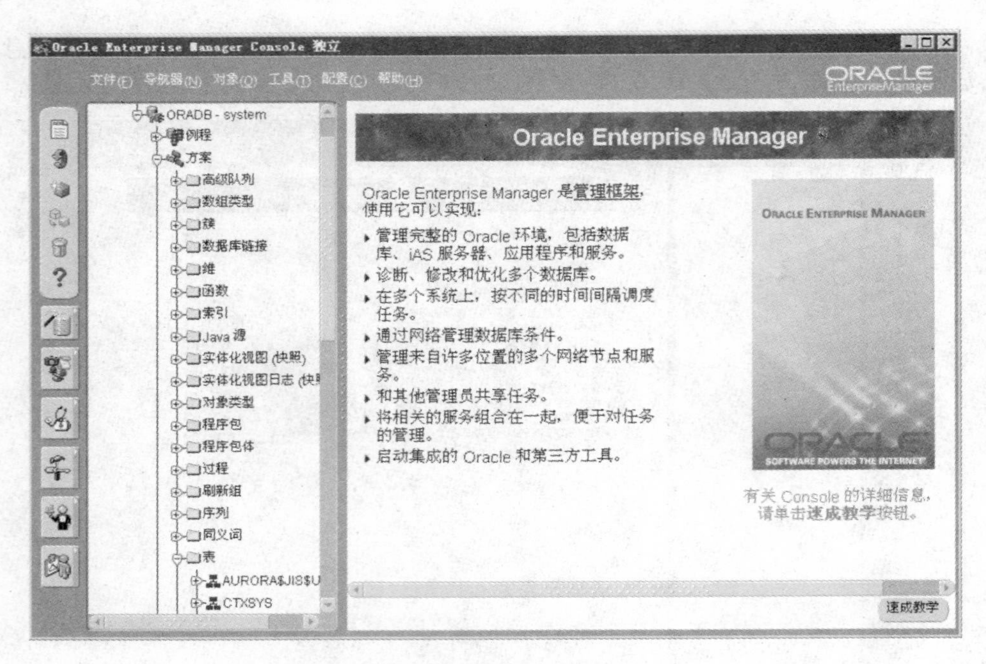

图 3-66 Oracle 后台管理界面

(2)在这一列表中找到“SYSTEM”这个用户名，右击，在弹出的菜单中选择“创建”，创建表，如图 3-67 所示。

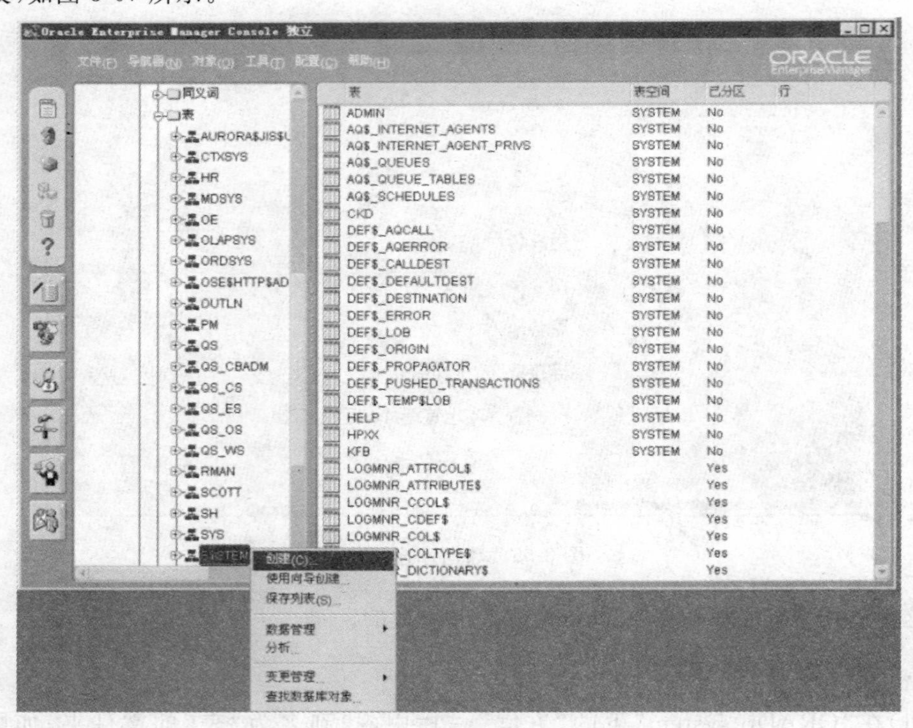

图 3-67 创建 Oracle 数据表

(3)在图 3-68 中，定义数据名称、数据类型、大小等属性，定义后，单击“应用”便完成创建。

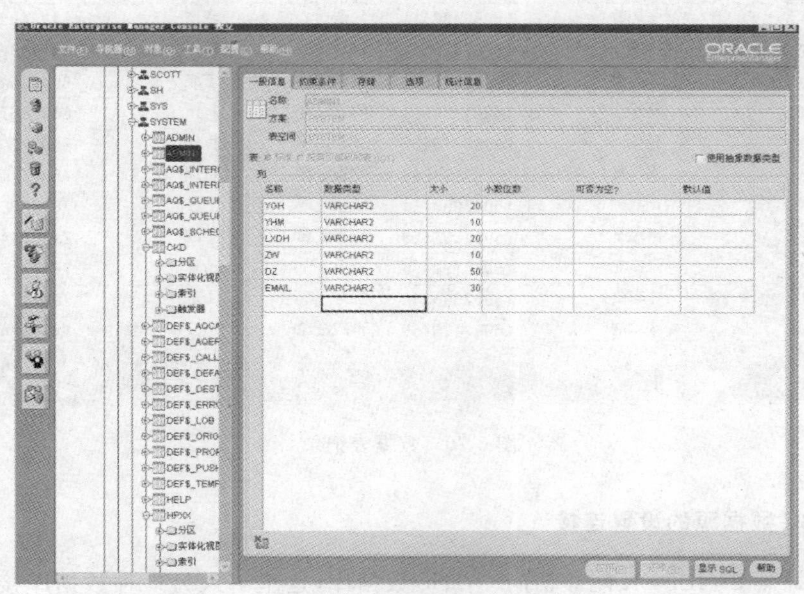

图 3-68　创建数据表

(4)如果要对已创建好的数据表结构进行编辑，则在左边栏目中右击要编辑的数据表，选择“查看/编辑详细资料”可对表结构进行重新编辑。

(5)如果表结构没有什么问题，则可以输入表记录了，具体方法，也是右击要编辑的数据表，选择“表数据编辑器”，如图 3-69 所示，就可以进行数据录入了，如图 3-70 所示。

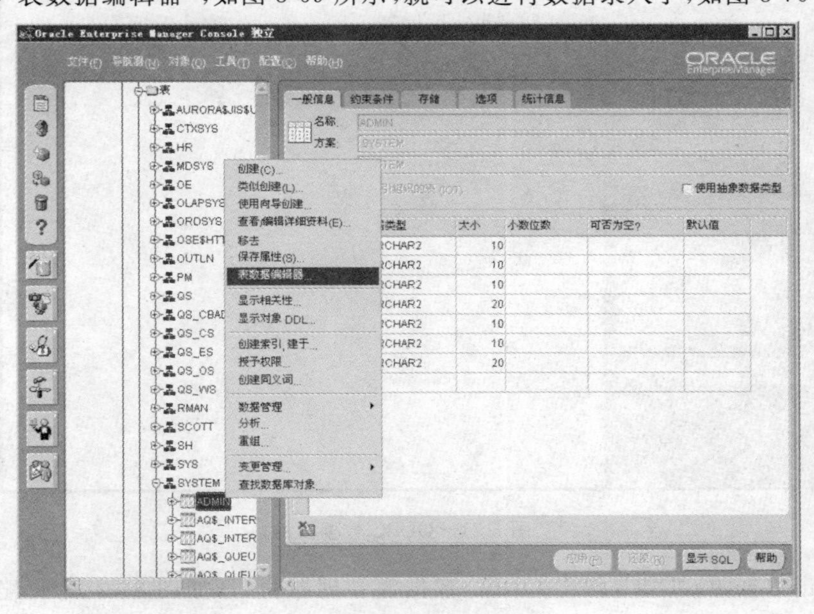

图 3-69　表数据的编辑

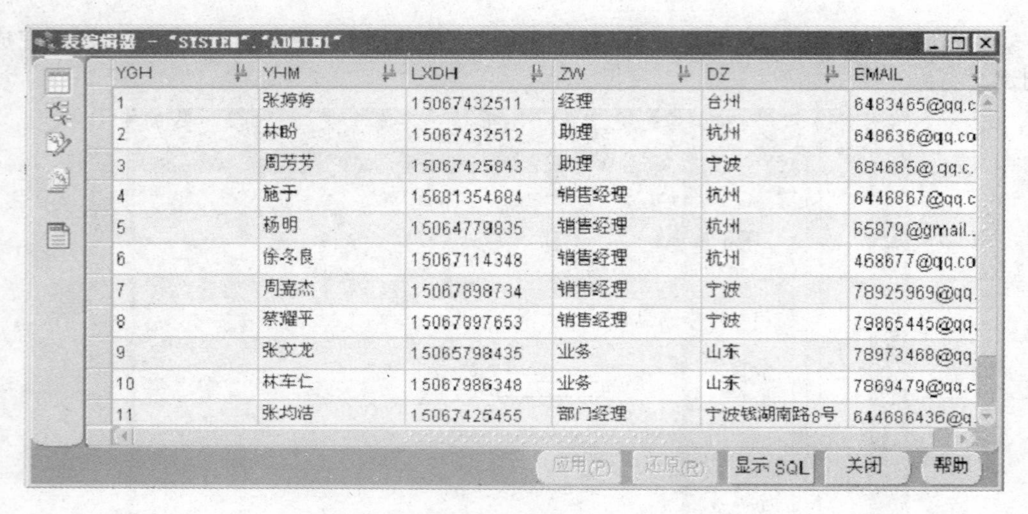

表编辑器 -"SYSTEM"."ADMIN1"

YGH	YHM	LXDH	ZW	DZ	EMAIL
1	张婷婷	15067432511	经理	台州	6483465@qq.c
2	林盼	15067432512	助理	杭州	648636@qq.co
3	周芳芳	15067425843	助理	宁波	684685@ qq.c.
4	施于	15681354684	销售经理	杭州	6446867@qq.c
5	杨明	15064779835	销售经理	杭州	65879@gmail..
6	徐冬良	15067114348	销售经理	杭州	468677@qq.co
7	周嘉杰	15067898734	销售经理	宁波	78925969@qq.
8	蔡耀平	15067897653	销售经理	宁波	79865445@qq.
9	张文龙	15065798435	业务	山东	78973468@qq.
10	林车仁	15067986348	业务	山东	7869479@qq.c
11	张均洁	15067425455	部门经理	宁波钱湖南路8号	644686436@q.

应用(P) 还原(R) 显示 SQL 关闭 帮助

图 3-70 数据表记录

3. ODBC 数据源的设置连接

为使 C++BUILDER 能够访问 Oracle 数据库，这里引入另一种数据库接口技术即 ODBC 的数据连接方法。

(1)单击“开始”→“控制面板”→“管理工具”，如图 3-71 所示。

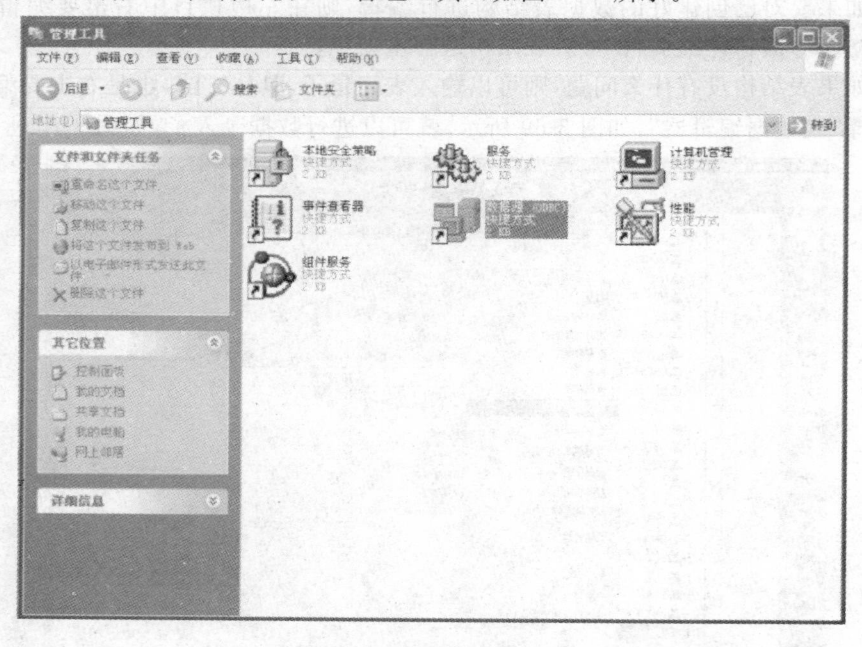

图 3-71 ODBC 数据源

(2)双击数据源 ODBC，弹出 ODBC 数据源管理器窗口，如图 3-72 所示，选中“用户 DSN”，然后单击“添加”按钮。

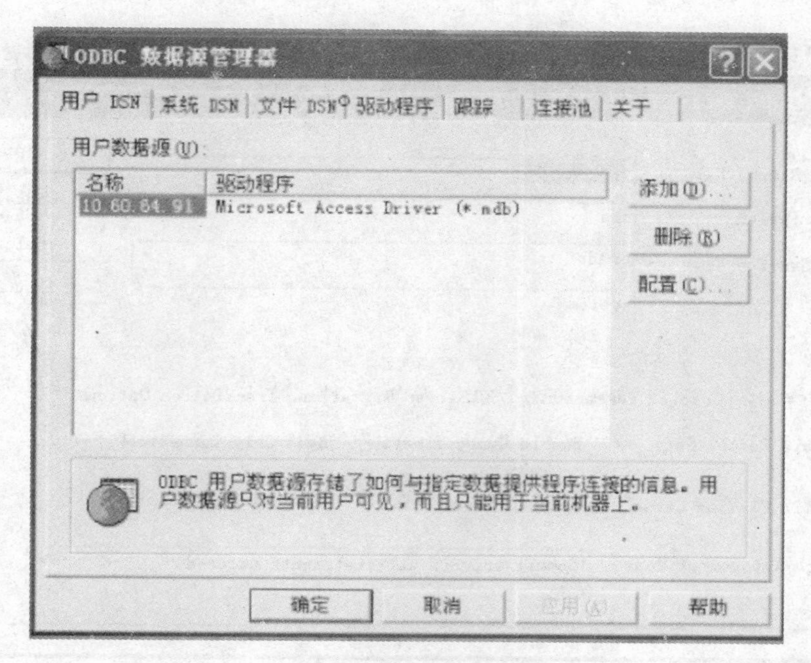

图 3-72　用户数据源的添加

(3)在“创建新数据源”窗口中，选择“Oracle in OraHome90”(注这里以 Oracle90 为例)，然后单击“完成”，如图 3-73 所示。

图 3-73　创建新数据源

(4)在弹出的“Oracle ODBC Driver Configuration”窗口中(见图 3-14)进行如下输入：

①Dtat Source Name：10.60.64.91 (Oracle 服务器的 IP 地址)；

②TNS Service Name：oradb(服务名，安装时提供，也可以在后台重新配置)；

③User:system。

Oracle ODBC Driver Configuration
Data Source Name 10.60.64.91
Description ora
TNS Service Name oradb
User system
OK
Cancel
Help
Test Connection
Application | Oracle | Workarounds | SQLServer Migration | Translation Options
Enable Result Sets
Enable Query Timeou
Read-Only Connectio
Enable Closing Curso
Enable Thread Safet
SQLGetData Extension
Batch Autocommit Mode Commit only if all statements succeed

图 3-74　设置 Oracle 数据库的连接

(5)设置好后,可以测试一下是否与 Oracle 连通。

①单击“Test Connection”按钮,出现如图 3-75 所示的窗口。

②再次输入服务名,用户名及口令,单击“OK”,当出现如图 3-76 所示的提示窗口时,证明你的机器已与服务器的 Oracle 数据库连通。

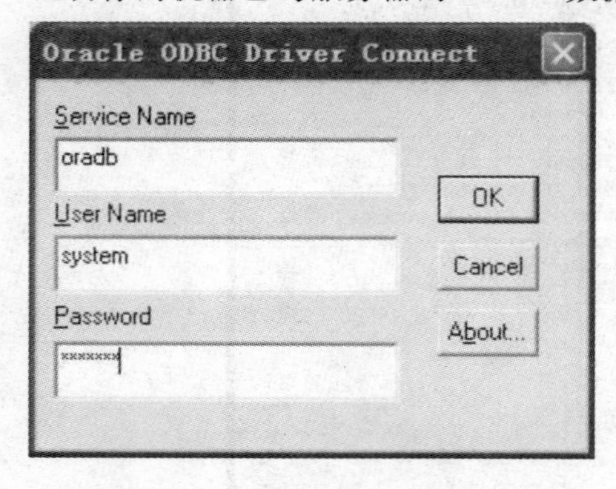

图 3-75　Oracle 数据库连接测试

图 3-76　Oracle 连接成功提示

(6)单击“确定”,添加成功,如图 3-77 所示,在用户数据源中有一项名为服务器 IP 地址的数据源,这就是 Oracle 数据库的 ODBC 数据源。

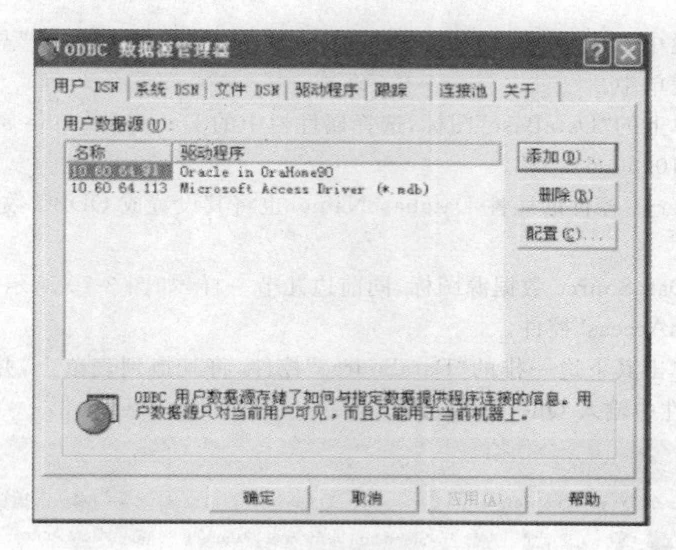

图 3-77　用户数据源添加成功

3.4.4　企业员工管理系统设计

1. 登录窗口的设计

Oracle 数据库的访问，由于是要通过 ODBC 数据源来访问，所以本系统的登录窗口数据访问设置，与前几节不同，如图 3-78 所示，本系统连接方式用的是 C++BUILDER 的 BDE 连接方法。

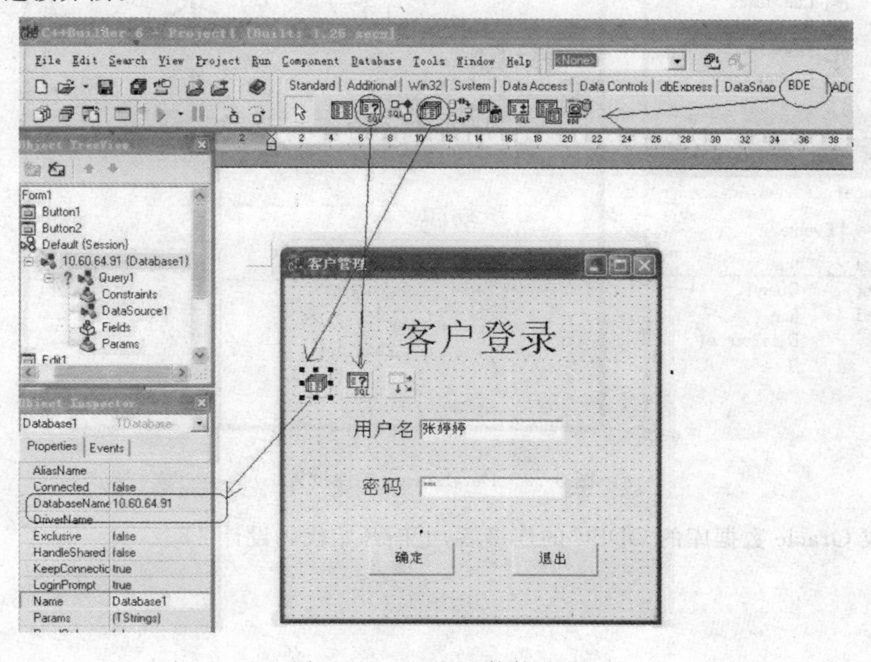

图 3-78　DataBase 控件设置

(1)在菜单栏中选中 BDE,然后在其下的一排按钮中选中“Query”与“DataBase”按钮,并分别拖到表单中。

(2)单击表单上的“DataBase”图标,选择属性栏中的 DatabaseName 属性为 ODBC 数据源的名字,如“10.60.64.91”。

(3)设置 Query1 控件的属性 DatabaseName,也将其设置成 ODBC 数据源的名字,如“10.60.64.91”。

(4)再设置 DataSource 数据源图标,同前边几节一样,如图 3-79 所示,这个控件是点窗口上边的“DataAccess”控件。

(5)然后再单击其下边一排的“DataSource”控件,将其拖到表单上,并在左边属性栏中的 DataSet 属性中输入 Query1 即可。

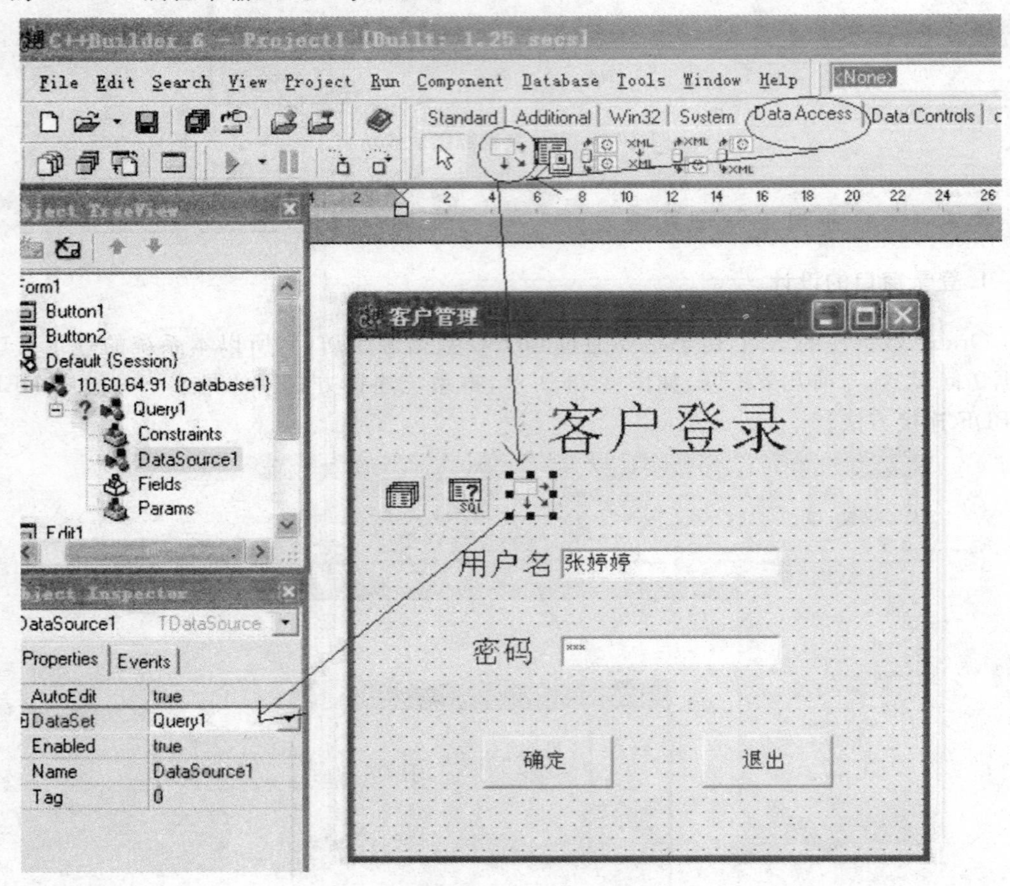

图 3-79 DataSource 控件设置

完成 Oracle 数据库的 ODBC 的连接后,下面开始代码设计。

(1)“确定”代码如下：

```
if(Edit1->Text == ""||Edit2->Text == "")
 {
   ShowMessage("用户名或密码不得为空");
   Edit1->Text = "";
   Edit2->Text = "";
   return;
 }
 Database1->Connected = false;//设置数据库连接状态为假
 Database1->LoginPrompt = false;//设置数据库登录状态为假

 Database1->Params->Add("USERNAME = SYSTEM");//加入登录用户名
 Database1->Params->Add("PASSWORD = manager");//加入登录口令
 Database1->Connected = true; //设置数据库连接状态为真,即相当于按
                                    回车键登录。
 Query1->DatabaseName = Database1->DatabaseName;
 //设置查询的数据库对像名字为 Database1 控件数据库的名字
 //注上边这些操作,省去了每次执行时都需要输入用户名密码的麻烦。
 Query1->SQL->Clear();
 AnsiString an1 = "select * from MM";
 an1 += " where USER1 = '" + Edit1->Text + "'";
 an1 += " and PASSWORD1 = '" + Edit2->Text + "'";
 Query1->SQL->Add(an1);
 Query1->Open();

 if (Query1->RecordCount == 0)
 {
   ShowMessage("非法用户名或密码");
   return;
 }

 Form2->Show();
 Form1->Hide();
```

(2)“退出”代码如下：

```
Form1->Close()
```

2. 企业员工管理系统集成窗口设计

如图 3-80 所示,企业员工管理系统集成窗口是将员工信息的录入、修改、删除、增加、

查询、统计放在这一张表单上，具体操作如下：

(1)单击“查询”按钮，可以查询全部职工信息，或按员工号及用户名查询，通过“上一条”、“下一条”按钮可实现光标移动。

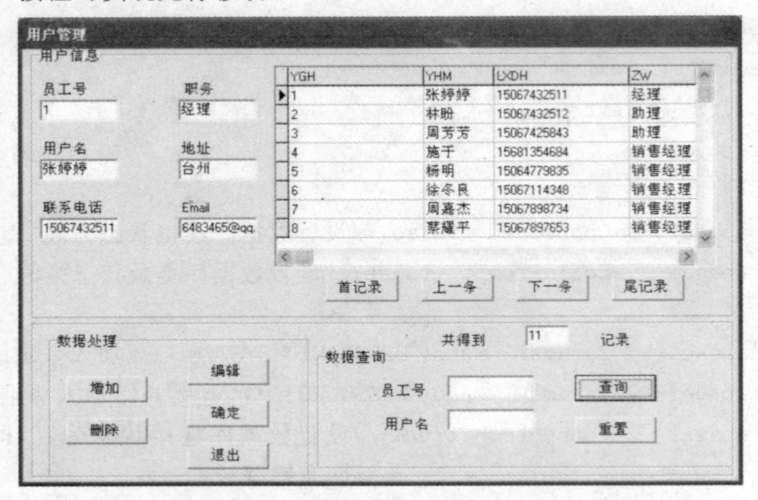

图 3-80　企业员工管理系统集成窗口

(2)在窗口的左下角提供了信息增加，编辑(修改)及删除的功能，注意，当右边窗口的光标停留在某一条记录上时，左边对应的文本框同时显示该记录相应字段的内容，我们修改时先单击“编辑”按钮，然后在上边修改内容，改完后再单击“确定”按钮，即可完成信息修改操作。

在这张表单里引入了几个新的控件功能，这里需要介绍一下：

(1)如图 3-81 所示，在“Standard”下选择“GroupBox”，并将其拖到表单上，按需要调

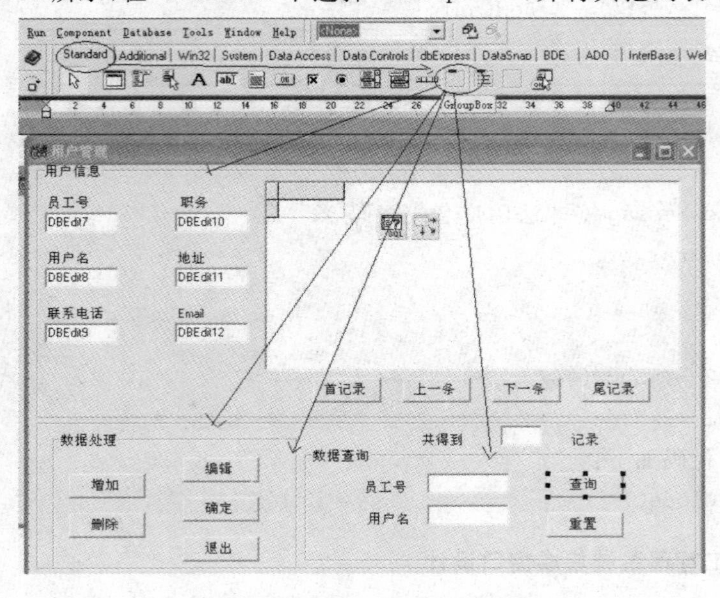

图 3-81　GroupBox 控件操作

整大小位置。引入 GroupBox 的好处是：凡是在其内设置的按钮或文本框等都不能随意移出该框，这样界面就比较规范了。本表单就用到了 4 个 GroupBox。

(2)此外还有一个就是 DBEdit 文本框，如图 3-82 所示，在“Data Control”下选择 DBEdit 文本框，并将其插到表单上，选择该文本框的好处是：它可以绑定到查询结果中，对应于相应的数据库，即当你查到相关数据时，对应的数据会自动显示在 DBEdit 中以供你修改。

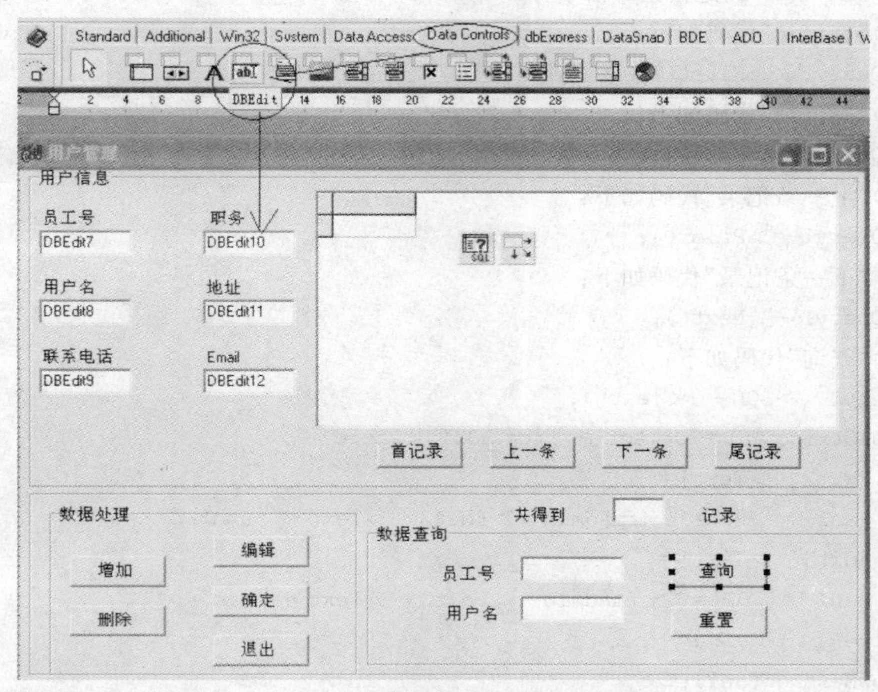

图 3-82　DBEdit 控件操作

下边开始介绍相关代码的设计：

(1)“增加”代码如下：

```
   if(DBEdit7->Text == "")
 { ShowMessage("员工号不能为空");
   DBEdit7->SetFocus();
 return;
 }
   Query1->Insert();

  /*****增加记录按钮单击事件  *****/
 Query1->Insert();
```

(2)“删除”代码如下：

```
 Query1->Delete();
/*****删除按钮单击事件*****/
```

(3)“编辑”代码如下：

```
  Query1—>Edit();
/*****编辑按钮单击事件 *****/
```

(4)“确认”代码如下：

```
  Query1—>Post();
/*****确定按钮单击事件 *****/
```

(5)“首记录”代码如下：

```
  Query1—>First();
```

(6)“尾记录”代码如下：

```
  Query1—>Last();
```

(7)“上一条记录”代码如下：

```
  Query1—>Prior();
```

(8)“下一条记录”代码如下：

```
  Query1—>Next();
```

(9)“查询”代码如下：

```
Query1—>SQL—>Clear();
AnsiString an1 = "select * from ADMIN1 where ";
if(Edit2—>Text! = "")
    an1 += " YHM = '" + fmAdmin—>Edit2—>Text + "' and";
if(Edit3—>Text! = "")
    an1 += " YGH = '" + fmAdmin—>Edit3—>Text + "' and";
an1 += " 1 + 1 = 2";
ShowMessage(an1);
Query1—>SQL—>Add(an1);
Query1—>Open();
if (Query1—>RecordCount == 0) {ShowMessage("没找到");return;}
  DBGrid2—>DataSource = DataSource1;
```

(10)“重置”代码如下：

```
Edit2—>Text = "";
Edit3—>Text = "";
fmAdmin—>Refresh();
```

请注意，有些控件的编号在本案例中并没有按照实际的顺序，如 Edit 等，请读者在实际实验中根据自己的编号来输入。

本章小结

本章主要介绍了数据库技术应用的四个实际案例，前两个均是 C++BUILDER 与 Access 的单机操作软件，后者分别是 C++BUILDER 与 SQL Server，Oracle 数据库的操作软件，读者可以学会并掌握以一种编程软件结合大、中、小三种数据库的编程方法，从而能够独立进行应用软件的开发与设计。

第 4 章

基于 Web 架构的应用案例分析

随着互联网的发展，Web 下的数据库应用将越来越普及，本章以两个基于 Web 的应用案例，即传统的基于 ASP 技术的新闻发布系统和基于 ASP. NET 技术企业网用户管理系统，来介绍基于 Web 架构下的数据库的使用方法，读者学习完本章，可对 Web 下的数据库应用有所认识，并能学会独立开发动态网站的方法。

4.1 基于 ASP 技术的企业网站新闻发布系统

现代企业网站功能非常齐全，涉及诸多个栏目，但其实每个栏目相应的数据库操作无外乎就是 SQL 语言的增加、修改、删除及查询。所以学会一个栏目的数据库应用，就等于掌握了其他栏目功能的设计。本节就企业网站新闻发布系统设计进行介绍，以使读者能够学会利用 ASP 技术设计动态网站来访问数据库的方法。

4.1.1 数据库的设计

本系统采用 SQL Server 数据库，在服务器安装好 SQL Server 数据库后，进入到 SQL Server 服务器中的企业管理器如图 4-1 所示，内建一个命名为 bussiness 数据库，如图 4-2 所示，在该数据库中建一张 exam_news 数据表，表结构如表 4-1 所示。

将表 4-1 中的 ID 字段设为自动编号的 int 型变量，即将其下面的属性中标识设为"是"，这样每输入一条记录，ID 就自动增加 1。

表 4-1　新闻数据表结构

字段名称	数据类型	长度	说明
ID	int 型/自动编号	默认	新闻编号
news_text	nvarchar	50	新闻标题
news	text	备注	新闻内容
start_time	datetime	日期/时间	发布日期
bookmarke	nvarchar	8	发布者

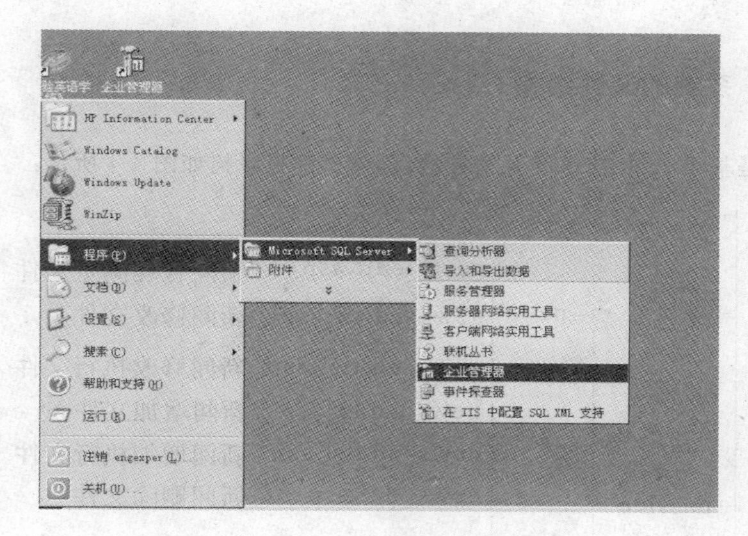

图 4-1　进入 SQL Server 企业管理器

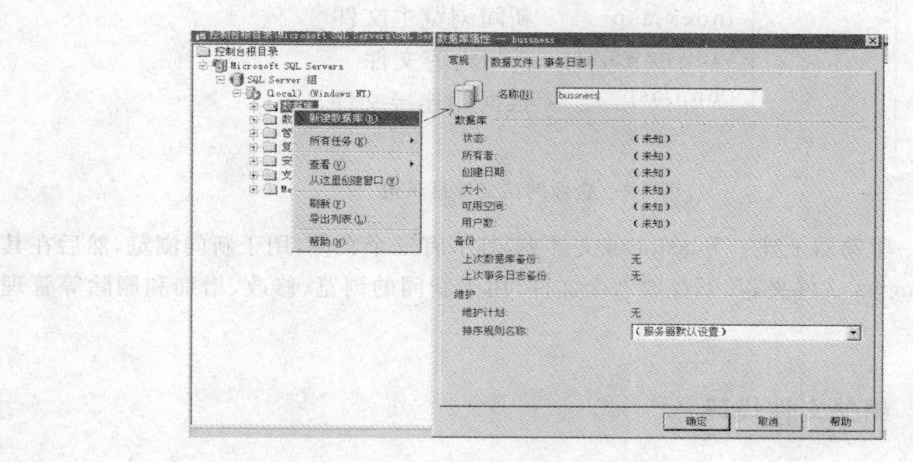

图 4-2　SQL Server 数据库创建窗口

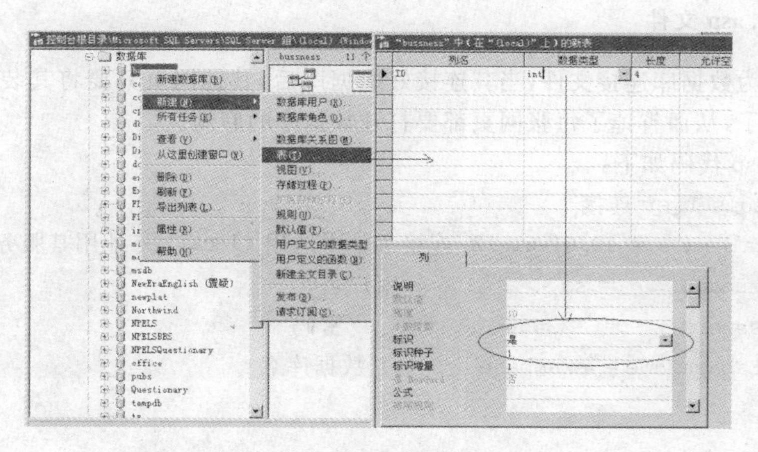

图 4-3　SQL Server 数据表创建窗口

4.1.2 系统的文件结构

本系统是基于 ASP 技术的开发方法，具体文件目录树如图 4-4 所示：

图 4-4 企业网站文件目录树

即在某一驱动器上建一 bussiness 文件夹，其下有三个文件，用于新闻浏览，然后在其下再建一个 news 文件夹，其下存放六个文件，用于新闻的浏览、修改、增加和删除等管理操作。

4.1.3 相关文件代码

1. Conn. asp 文件

该文件为数据库连接文件，当其连接好数据库后，其他网页只要将其装载，就可以打开该数据库了，从而省掉了每张网页都要打开数据库的麻烦。

Conn. asp 代码如下：

```
<%'sqlserver'连接'
SqlLocalName   ="10.61.61.12"'连接 IP [本地用 (local) 外地用其服务器 IP 地址]
SqlUsername     ="sa"            '用户名
SqlPassword     ="123456"         '密码
SqlDatabaseName ="exambase"       '数据库名
```

```
strSQL = "Driver = {SQL Server};Server = "& SqlLocalName &";uid = "& SqlUser-
name &";pwd = "& SqlPassword &";database = "& SqlDatabaseName &""  'SQL 驱动程序
set conn = server.createobject("ADODB.CONNECTION")   '建立连接
conn.open strSQL    '执行连接
%>
```

（1）Index. asp 文件

该文件为新闻的主浏览文件，可以放到企业网站的前台，作为用户浏览新闻之用。其运行结果如图 4-5 所示：

企业新闻浏览

新闻标题	发表时间
关于宁波海关推行新的舱单电子传输模式的公告	[发表时间:2007-1-24]
关于宁波海关核查“装载舱单 ”的通知	[发表时间:2007-4-16]
关于汉堡南美进口电解铜需签CY/CFS保函的通知	[发表时间:2011-7-9]
宁波船代签单通知	[发表时间:2011-4-6]
紧急通知	[发表时间:2011-7-9]
关于KLINE提单更改在船代确认的注意事项	[发表时间:2011-7-9]
关于长荣订舱报文货物体积保留精度的通知	[发表时间:2011-7-9]

图 4-5　新闻浏览主页

Index. asp 的代码如下：

注凡是在<%%>之间的代码均为 ASP 代码，这里用斜体表示。

```
<! - - # include file = "conn.asp" - - >      '包含数据库连接文件
<html>
<META content = "text/html; charset = gb2312" http - equiv = Content - Type>
<link rel = "stylesheet" href = "../css.css" type = "text/css">
<body>
<br>
<div align = "left"> < strong >            
                      
            
<font size = "6" face = "华文行楷">企业新闻浏览</font></strong></
div><br>
<table border = "1" cellpadding = "0" cellspacing = "1" style = "border - col-
lapse: collapse"  width = "67 %" >
<tr>
<td><div align = "center"><strong>新闻标题</strong></div></td>
  <td><div align = "center"><strong>发表时间</strong></div></td>
</tr>
<% '访问新闻代码
```

```
sql = "select id,news_text,start_time from exam_news "  '查询新闻表代码
set rs = server.createobject("adodb.recordset")  '建立一数据集实例
rs.open sql,conn,3,1  '执行 SQL 语句
do while not rs.eof     '判断如果查询的数据记录没有到数据表末尾,则继续执
                         行循环语句
%>
  <tr>
    <td width = "66 %" > <div align = "center"><a href = "viewnews.asp?
    id = <% = rs(0) %>"><% = rs(1) %></a></div></td>      '选
    中某条新闻后调用新闻内容显示文件。
    <td width = "33 %"> <div align = "center">[发表时间:<% = rs(2) %
    >] </div></td>
  </tr>
  <%
rs.movenext     '查询记录指针下移
loop
rs.close     '关闭查询数据集
set rs = nothing  '清空数据集
set conn = nothing  '中断数据库连接
%>
</table>
</body>
</html>
```

(2) Viewnews 文件

该文件是显示用户浏览单击新闻标题时所包含的内容。其运行结果如图 4-6 所示:

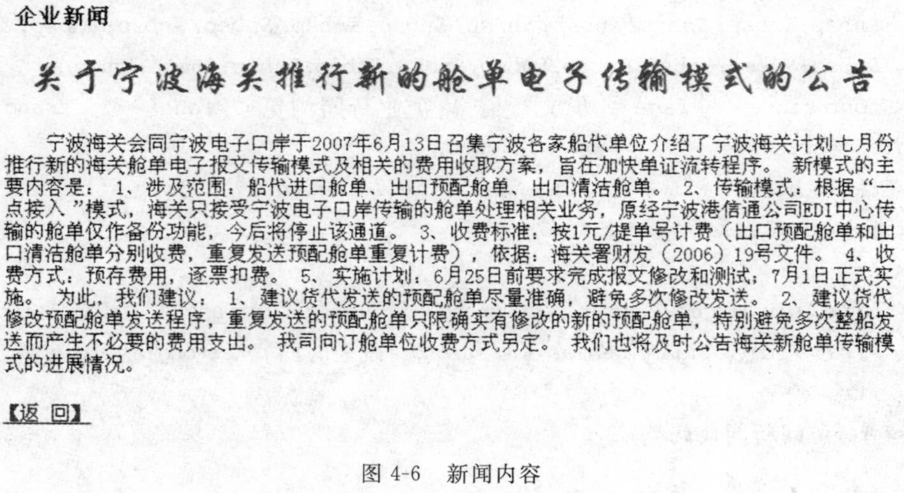

企业新闻

关于宁波海关推行新的舱单电子传输模式的公告

宁波海关会同宁波电子口岸于2007年6月13日召集宁波各家船代单位介绍了宁波海关计划七月份推行新的海关舱单电子报文传输模式及相关的费用收取方案，旨在加快单证流转程序。 新模式的主要内容是： 1、涉及范围：船代进口舱单、出口预配舱单、出口清洁舱单。 2、传输模式：根据“一点接入”模式，海关只接受宁波电子口岸传输的舱单处理相关业务，原经宁波港信通公司EDI中心传输的舱单仅作备份功能，今后将停止该通道。 3、收费标准：按1元/提单号计费（出口预配舱单和出口清洁舱单分别收费，重复发送预配舱单重复计费），依据：海关署财发（2006）19号文件。 4、收费方式：预存费用，逐票扣费。 5、实施计划：6月25日前要求完成报文修改和测试；7月1日正式实施。 为此，我们建议： 1、建议货代发送的预配舱单尽量准确，避免多次修改发送。 2、建议货代修改预配舱单发送程序，重复发送的预配舱单只限确实有修改的新的预配舱单，特别避免多次整船发送而产生不必要的费用支出。 我司向订舱单位收费方式另定。 我们也将及时公告海关新舱单传输模式的进展情况。

【返 回】

图 4-6 新闻内容

Viewnews 的代码如下：

```
<! --#include file="conn.asp"-->
<%
dim id
id=request("id")  '取是一页传过来的新闻标号
if id="" then     '如果新闻标号为空,则重新执行新闻浏览文件
response.Redirect("index.asp")
response.End
end if
sql="select news_text,news from exam_news where id="&cint(id) '查询新闻内容
set rs=server.createobject("adodb.recordset")
rs.open sql,conn,3,1
%>
<html>
<head>
<link rel="stylesheet" href="../css.css" type="text/css">
</head>

<body>
<div align="">
  <p align="left">  </p>
  <p><font size="4"><strong> 企业新闻</strong></font> </p>
    <table border="0" width="64%" id="table1">
      <tr>
     <td><p align="center"><font size="6" color="#000080" face="华
     文行楷"><%=rs(0)%></font></td>
    </tr>
    <tr>
        <td>
          </td>
    </tr>
    <tr>
        <td>
        <p align="left">    <%=rs(1)%> </td>
      </tr>
  </table>
<p>
</p>
```

```
<p><a href = "javascript:history.back( - 1)">【返 回】</a></p>
</div>
</body>
</html>
```

以上是前台新闻浏览的几个文件。

(3) news_edit. asp 文件

该文件为后台的新闻管理浏览界面，其运行结果如图 4-7 所示：通过“查看与编辑”按钮可以修改新闻内容，通过“添加新闻”按钮可以添加新的新闻，通过删除所选项可以将所选的新闻同时删除。

企业新闻管理系统

□全部选择/取消 [添加新闻] | [删除所选项]

选择	序号	新闻标题	发布时间	操作
□	1	关于长荣订舱报文货物体积保留精度的通知	2011-7-9	查看/编辑
□	2	关于KLINE提单更改在船代确认的注意事项	2011-7-9	查看/编辑
□	3	紧急通知	2011-7-9	查看/编辑
□	4	关于汉堡南美进口电解铜需签CY/CFS保函的通知	2011-7-9	查看/编辑
□	5	宁波船代签单通知	2011-4-6	查看/编辑
□	6	关于宁波海关核查“装载舱单”的通知	2007-4-16	查看/编辑
□	7	关于宁波海关推行新的舱单电子传输模式的公告	2007-1-24	查看/编辑

输入页次：[ ] 页次：1/1

图 4-7 后台新闻管理

news_edit. asp 的代码如下：

```
<! - - #include file = "../conn.asp" - - >
<html>
<head>
<meta http - equiv = "Content - Language" content = "zh - cn">
<meta name = "GENERATOR" content = "Microsoft FrontPage 6.0">
<meta name = "ProgId" content = "FrontPage.Editor.Document">
<meta http - equiv = "Content - Type" content = "text/html; charset = gb2312">
<title>企业新闻管理</title>
<script language = "javascript">
function editit(id)
'响应“查看与编辑”按钮的函数，执行调 news_editw.asp，修改新闻
{
  page = "news_editw.asp? id = " + id
  window.open (page,'查看新闻','width = 600,height = 360')
}
function CheckAll(form)
```

```
{
for (var i = 0;i<form.elements.length;i + + )
  {
  var e = form.elements[i];
  if (e.name ! = 'chkall')
     e.checked = form.chkall.checked;
  }
}
function addit(myform)
'响应“添加新闻”按钮的函数,执行调 news_addw.asp,增加新闻
{
  document.location.href = "news_addw.asp";
}
function delit(myform)
'响应“删除新闻”按钮的函数,执行调 news_del.asp,删除新闻
news_addw.asp
{
  result = "是否删除所选项?"
  if (confirm(result))
  {
    myform.action = "news_del.asp";
    myform.submit();
  }
}
</script>
</head>
<link rel = "stylesheet" href = "../css.css" type = "text/css">
<body onbeforeunload = window.opener.location.reload()>
<p align = "center"><b><font size = "6" face = "华文行楷">企业新闻管理
系统</font></b></p>
<form name = "viewdatabase" method = "post">
<table border = "0" cellpadding = "0" cellspacing = "0" style = "border-col-
lapse: collapse" width = "80 %" height = "30">
<tr>
  <td>
  <p align = "right">
  <input type = "checkbox" name = "chkall" value = "on" onclick = "CheckAll
  (this.form)" >全部选择/取消  <input type = "button" value = "添加
```

```
新闻" name = "I6" onclick = "addit()"> | <input type = "submit"
value = "删除所选项" name = "I3" onclick = "delit(this.form)" >
      </td>
    </tr>
  </table>
  <table border = "1" cellpadding = "0" cellspacing = "1" style = "border - col-
lapse: collapse" width = "84 %">
    <tr>
      <td width = "36" align = "center"  height = "20">选择</td>
      <td width = "36" align = "center" ><b>序号</b></td>
      <td align = "left"  width = "108">
      <p align = "center"> <b>新闻标题</b></td>
      <td align = "left" >
      <p align = "center"><b>发布时间</b></td>
      <td align = "left"  width = "230">
      <p align = "center"><b>操作</b></td>
    </tr>
    <% '分页查询
sql = "select * from exam_news order by start_time desc"
set rs = server.createobject("adodb.recordset")
rs.open sql,conn,3,1
on error resume next
rs.PageSize = 10   '设置每页显示 10 行
Page = CLng(Request("Page")) '将总页数赋给 Page
If Page < 1 Then Page = 1    '下面是识别什么情况下翻页的问题
If Page > rs.PageCount Then Page = rs.PageCount
i = page + (page - 1) * 9
rs.AbsolutePage = Page
for iPage = 1 To rs.PageSize
%>
    <tr>
      <td align = "center" >
      <input type = "checkbox" name = "id" value = "<% = rs("id") %>"></td>
      <td align = "center"><% = i %>  </td>
      <td align = "left"><% = rs("news_text") %></td>
      <td align = "left"><% = rs("start_time") %>  </td>
      <td align = "left">
      <p align = "center"><a href = "javascript:editit(<% = rs("id") %>)">
```

```
    查看/编辑</a></td>
  </tr>
  <%
rs.MoveNext
If rs.EOF Then Exit For
i = i + 1
next
%>
  <caption></caption>
</table>
</form>
<div ALIGN = "center">
  <table>
    <form ACTION = "admin_newsbase.asp" METHOD = "GET">
      <tr>
        <td>
        <p ALIGN = "right"><% If Page <> 1 Then ' 如果不是位于第一页 %>
        <a href = "admin_newsbase.asp? Page = 1">
        第一页</a>
        <a HREF = "admin_newsbase.asp? Page = <% = (Page - 1) %>">
        上一页</a>
        <%
End If
If Page <> rs.PageCount Then ' 如果不是位于最后一页
%> <a HREF = "admin_newsbase.asp? Page = <% = (Page + 1) %>">
        下一页</a>
        <a HREF = "admin_newsbase.asp? Page = <% = rs.PageCount %>">
        最后一页</a> <% End If %> <font SIZE = "2">输入页次:</font>
        <input NAME = "Page" SIZE = "3" >
        <font SIZE = "2">页次:</font><font COLOR = "Red" SIZE = "2">
        <% = Page %>/<% = rs.PageCount %></font></p>
        <p>  </td>
      </tr>
    </form>
  </table>
</div>
</div>
</td>
```

```
</tr>
</table>
</body>
</html>
```

(4) news_editw. asp 文件

该文件为新闻修改文件，主要是修改已经发布的新闻，其运行结果如图 4-8 所示。

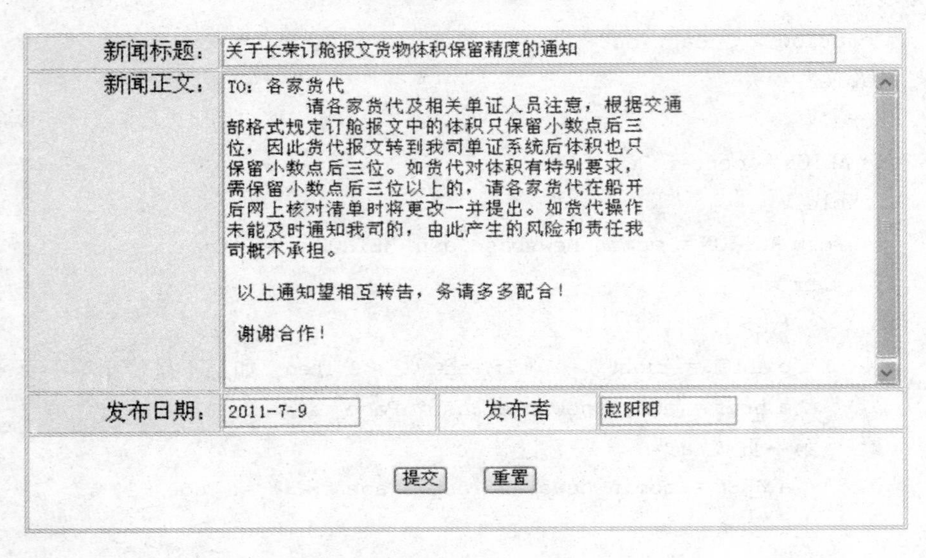

图 4-8 企业新闻修改

news_editw. asp 的代码如下：

```
<! - - # include file = "../conn.asp" - - >
<html>
<head>
<meta http - equiv = "Content - Language" content = "zh - cn">
<meta name = "GENERATOR" content = "Microsoft FrontPage 6.0">
<meta name = "ProgId" content = "FrontPage.Editor.Document">
<meta http - equiv = "Content - Type" content = "text/html; charset =
gb2312">
<title>新闻标题</title>
</head>
<link rel = "stylesheet" href = "../css.css" type = "text/css">
<body onbeforeload = window.opener.location.reload()>
<%
id = request("id")
sql = "select * from exam_news where id = "&cint(id)
```

```
    set rs = server.createobject("adodb.recordset")
    rs.open sql,conn,0,1
    start_time = rs("start_time")
    if rs("start_time") = "" then
    start_time = date()
    end if
  %>
  <table width = "621" height = "100 %" border = "1" cellpadding = "0" cellspac-
    ing = "1" bordercolor = "#C0C0C0">
    <form name = "newsform" method = "POST" action = "news_editw1.asp">
      <tr>
        <td width = "134" height = "20" align = "right" bgcolor = "#EFEFEF"
          nowrap>新闻标题:</td>
        <td width = "478" colspan = "3" > <input type = "news_text" name = "
          news_text" size = "60" value = "<% = rs("news_text") %>"></td>
      </tr>
      <tr>
        <td height = "213" align = "right" valign = "top"nowrap bgcolor = "#
          EFEFEF">新闻正文:
        </td>
        <td colspan = "3"> <textarea rows = "15" name = "news" cols = "65" >
          <% = rs("news") %></textarea></td>
      </tr>
      <tr>
        <td align = "right" bgcolor = "#EFEFEF" nowrap>发布日期:</td>
        <td width = "149"> <input type = "text" name = "start_time" size = "
          12" value = "<% = start_time %>" ></td>
        <td width = "110">
          <p align = "center">发布者</td>
        <td width = "211">
          <input type = "text" name = "bookmaker" size = "12" value = "<% = rs
            ("bookmaker") %>" ></td>
      </tr>
      <tr>
        <td height = "206" colspan = "4" cols = "2">
          <p align = "center">
            <input type = "hidden" value = "<% = id %>" name = "id">
            <input type = "submit" value = "提交" name = "B1" class = "s02">
```

```
             
            <input type="reset" value="重置" name="B2" class="s02">
        </td>
      </tr>
    </form>
  </table>
  </body>
  </html>
```

(5) news_editwl.asp 文件

该文件为新闻修改执行文件，主要是将已修改好的新闻文件上传到数据库中。

news_editwl.asp 的代码如下：

```
<!--#include file="../conn.asp"-->
<%
id=request("id")
news_text=request("news_text")
news=request("news")
bookmaker=request("bookmaker")
start_time=request("start_time")
if not isdate(start_time) then
%>
<script language="JavaScript">
alert("发布时间不正确!");
history.back();
</script>
<%
response.end
end if
sql="select * from exam_news where id="& cint(id)
  set rs=server.createobject("adodb.recordset")
  rs.open sql,conn,2,3
  rs("news_text")=news_text
  rs("news")=news
  rs("start_time")=start_time
  rs("bookmaker")=bookmaker
  rs.update
  rs.close
  response.Redirect("news_edit.asp")
%>
```

```
<script language="javascript">
self.close();
</script>
```

(6)news_addw.asp 文件

该文件为新闻添加文件，主要是新增加新闻，其运行结果如图 4-9 所示。

新闻添加

新闻标题			
新闻正文			
发布日期	2011-7-9	发布者	
	提交　重置		

图 4-9　新闻增加

news_addw.asp 的代码如下：

```
<html>
<head>
<meta http-equiv="Content-Language" content="zh-cn">
<meta name="GENERATOR" content="Microsoft FrontPage 6.0">
<meta name="ProgId" content="FrontPage.Editor.Document">
<meta http-equiv="Content-Type" content="text/html; charset=gb2312">
<title>新闻标题</title>
</head>
<link rel="stylesheet" href="../css.css" type="text/css">
<body>
<p>           
       
<b><font size="6" face="华文行楷">新闻添加</font></b></p>
<table border="1" cellspacing="1" style="border-collapse: collapse"
  cellpadding="0" bordercolor="#C0C0C0" width="562">
<form name="newsform" method="POST" action="news_addw1.asp">
```

```
    <tr>
      <td width="80" align="right" height="30" bgcolor="#EFEFEF">
        <p align="left">新闻标题</td>
      <td width="476" colspan="3"> <input type="news_text" name="
        news_text" size="50"></td>
    </tr>
    <tr>
      <td align="right" height="240" bgcolor="#EFEFEF">
        <p align="left">新闻正文
        </td>
      <td colspan="3"> <textarea rows="15" name="news" cols="65">
        </textarea></td>
    </tr>
    <tr>
      <td align="right" height="30" bgcolor="#EFEFEF">
        <p align="left">发布日期</td>
      <td width="163"> <input type="text" name="end_time" size="12"
        value="<%=date%>"></td>
      <td width="60"> 发布者</td>
      <td width="243"> <input type="text" name="bookmaker" size="12"
        ></td>
    </tr>
    <tr>
      <td cols="2" colspan="4"> <p align="center">
          <input type="submit" value="提交" name="B1" class="s02">
           
          <input type="reset" value="重置" name="B2" class="s02">
      </td>
    </tr>
  </form>
</table>
</body>
</html>
```

(7) news_addw1.asp 文件

该文件为新闻添加执行文件，主要是将新增加的新闻上传到数据库中。

news_addw1.asp 的代码如下：

```
<!--#include file="../conn.asp"-->
<%
```

```
news_text = request("news_text")
news = request("news")
bookmaker = request("bookmaker")
sql = "select * from exam_news"
set rs = server.createobject("adodb.recordset")
rs.open sql,conn,2,3
rs.addnew
if news_text<>"" then
rs("news_text") = news_text
end if
if news<>"" then
rs("news") = news
end if
rs("start_time") = date()
rs("bookmaker") = bookmaker
rs.update
rs.close
response.Redirect("news_edit.asp")
%>
```

(8) news_del.asp 文件

该文件为新闻删除执行文件，主要是删除选中的新闻。

news_del.asp 代码如下：

```
<!--#include file="../conn.asp"-->
<%
dim i
dim j
id = request("id")
id = split(id,",")
i = ubound(id)
for j = 0 to i
  sql = "delete * from exam_news where id = "& cint(id(j))
  conn.execute(sql)
next
set conn = nothing
response.redirect "news_edit.asp"
%>
```

以上是企业网站新闻发布系统的前后台程序，供开发企业网站时参考借鉴。

4.2　基于 ASP.NET 技术的企业网站用户管理系统

4.2.1　建立 ASP.NET 的 Web 运行环境

1. 建立 ASP.NET 的运行环境

运行 ASP.NET 应用程序，需要建立和配置运行环境。ASP.NET 运行环境包括硬件环境和软件环境。硬件需求包括：CPU 应能够运行支持 ASP.NET 程序的操作系统、内存基本需求为 128MB、硬盘空间至少预留 110MB(若还要安装参考文档、范例及辅助工具，则需预留 500MB)。软件环境包括操作系统、浏览器、Web 服务器和.NET 框架等。

(1)操作系统

虽然.NET 应用程序将来有希望是跨平台的，但目前仍只能在 Windows 操作系统上运行。当前支持 ASP.NET 程序的操作系统包括：Windows 2000 Professional、Windows 2000 Server、Windows 2000 Advanced Server、Windows XP Professional、Windows XP Professional 64 位版本、Windows 2003 Server、Windows NT Server(需安装 Service Pack 5)等。

(2)Web 浏览器

Web 客户端需要 IE 5.5 或以上版本的浏览器，可下载安装 IE 5.5 或 6.0，也可由原来的 IE 浏览器版本进行升级。

(3)Web 服务器

在计算机上安装 IIS 5.0 或以上版本软件后，该计算机就被设置成为 Web 服务器，但只能执行一般的网页和 ASP 程序，不能执行 ASP.NET 程序。

(4).NET 框架

为了使 Web 服务器能够执行 ASP.NET 程序，必须有.NET 框架的支持。除 Windows 2003 Server 中已含有.NET 框架外，其他版本的操作系统均需要安装.NET 框架。可从微软网站上下载.NET Framework 包，文件名为 dotnetfx.exe。如果要使用.NET框架提供的 ADO.NET 访问数据库，就必须安装数据访问组件(Microsoft Data Access Component，MDAC)2.6 或以上版本，方法是：下载该软件包，双击该程序图标，然后按照提示进行操作。MDAC 安装成功后，接下去就可安装.NET Framework，具体安装略。

.NET 框架成功安装后，就可以进行 ASP.NET 应用开发了。开发 ASP.NET 应用程序有两种方法：

(1) 直接通过文本编辑器编辑源程序，然后在浏览器中测试程序运行结果。本节将以一个示例介绍这种方法。

(2) 使用支持ASP.NET的应用开发工具,如Microsoft Visual Studio.NET、Web Matrix等。用开发工具进行应用程序开发和管理具有高效、易于管理等优点,尤其适合较大规模的应用开发。

2. 安装ASP.NET

IIS是Windows上的Internet信息服务器。简单地说,就是建立WWW网站的服务器软件,和Linux下的Apache类似。因为一般用户的计算机都没有装有IIS,IIS的安装文件一般都是放在Windows的安装光盘上。

在Windows Server 2003家族、Windows 2000(Professional、Server和Advanced Server)以及Windows XP Professional上的客户端和服务器应用程序都支持ASP.NET。

运行Microsoft Windows Server 2003家族成员的服务器可以配置为应用程序服务器,并将ASP.NET作为在配置应用程序服务器角色时可以启用的选项。要向产品服务器部署ASP.NET Web应用程序,在分发应用程序之前,必须确保在产品服务器中启用了ASP.NET和IIS角色。

(1)使用"配置您的服务器"向导在运行Windows Server 2003的服务器中安装ASP.NET

① 在"开始"菜单中,单击"管理您的服务器";在弹出的"管理您的服务器"窗口中,单击"添加或删除角色"。

② 在"配置您的服务器向导"中,单击"下一步"按钮,并在"服务器角色"对话框中,选中"应用程序服务器(IIS、ASP.NET)",然后单击"下一步"按钮。

③ 在"应用程序服务器选项"对话框中,选中"启用ASP.NET"复选框,单击"下一步"按钮,然后再单击"下一步"按钮。

④ 如有必要,请将Windows Server 2003安装CD插入CD-ROM驱动器,然后单击"下一步"按钮。

⑤ 当安装完成时,单击"完成"按钮。

安装完成后,C:\Inetpub\wwwroot的目录就是WWW服务器对应的目录。比如说,http://localhost/XXX就对应C:\Inetpub\wwwroot\XXX这个目录。这里的localhost就是本地主机的意思。当然,如果别人要访问这台机器,那么就需要把localhost换成本机的IP地址。

(2)在运行Windows Server 2003的服务器中使用"添加或删除程序"安装ASP.NET。

① 选择"开始"→"控制面板"→"添加或删除程序"命令。

② 在打开的"添加或删除程序"对话框中,单击"添加/删除Windows组件"。

③ 在"Windows组件"向导的"组件"中,选中"应用程序服务器"复选框,然后单击"下一步"按钮。

④ 在"Windows组件"向导中完成对Windows Server 2003的配置,单击"完成"按钮。

(3)在运行Windows Server 2003的服务器的IIS管理器中启用ASP.NET。

① 选择“开始”→“运行”命令。

② 在“运行”对话框的“打开”文本框中，输入 inetmgr，然后单击“确定”按钮。

③ 在 IIS 管理器中，展开本地计算机，然后单击“Web 服务扩展”。

④ 在右侧窗口中，右击 ASP. NET，然后选择“允许”。ASP. NET 的状态为“允许”。

3. 安装开发工具

ASP. NET 的开发工具为 Microsoft 的 Visual Studio. NET（2003、2005 或 2008 版本），一般 VS. NET 都会带有 Visual C++，Visual C#，Visual BASIC. NET 等工具。ASP. NET 就是基于. NET 开发 Web 应用程序的工具。ASP. NET 开发出来的 Web 应用程序的代码可以是 C#，也可以是 VB. NET。总之，ASP. NET 开发出来的网页执行代码只要是基于. NET 就可以了。

如把安装 IIS 和 VS. NET 的顺序搞反了，即先装. NET 后装 IIS，结果就导致 IIS 上没有安装上. NET 的一些东西（比如 ASP. NET），那么解决方法很简单。在. NET 的安装路径里面运行一个 IIS 注册程序就可以了。一般只要在命令提示符执行此程序，即：

C:\WINDOWS\Microsoft. NET\Framework\v1. 1. 4322\aspnet_regiis. exe - i

或

C:\WINDOWS\Microsoft. NET\Framework\v2. 0. 50727\aspnet_regiis. exe /i

执行之后按提示完成 ASP. NET（1. 1. 4322. 0）或 ASP. NET（2. 0. 50727）的注册安装工作。

4. 创建并发布 Web 应用程序到其他服务器

首先打开 VS. NET，然后选择“创建新项目”→“ASP. NET Web 应用程序”命令随便设计个网页，然后单击运行 Web 应用程序，就看到运行效果。一般 ASP. NET 的网页的扩展名是. aspx。

一般在使用 VS. NET 创建一个 Web 工程的时候，VS. NET 会自动把一些关于 IIS、Web 网页等设置做好，所以不需要你改动什么。但是如果要把你开发的 Web 程序放在别人的机器，如公共网的服务器时，就需要手动设置这些东西了。

在任何一个 IIS 上执行 ASP. NET 都需要事先在 IIS 内设置要执行的 Web 程序的所在虚拟目录。下面以创建 D:\WebGame1 为目录的虚拟可执行目录为例来说明。

打开服务器上的“控制面板”中的“管理工具”中的“Internet 服务管理器”。在左边的目录中找到“默认 Web 站点”，然后右击选择新建虚拟目录，进入“创建虚拟目录的向导”对话框。创建向导步骤为：

(1)在“虚拟目录别名”对话框上取个名字，如 WebGame1；

(2)在“目录路径”上输入 D:\WebGame1 这个目录的路径；

(3)在访问权限的对话框中直接单击“下一步”按钮；

(4)最后完成创建虚拟目录。

当然，也可以不必非得创建一个虚拟目录，其实把 WebGame1 这个目录复制到 C:\Inetpub\wwwroot\下，然后在 IIS 中，右击它的“属性”，弹出“属性”对话框，然后单击“应用程序设置”中的“创建”按钮即可，那么这个目录也就被设置成虚拟目录了。

5. 测试 ASP. NET

当虚拟访问目录设置成功之后，那么就可以放一个普通的 *. html 网页文件到这个目录中去，并将其改成 *. aspx，通过 http://localhost/xxx/xxxx. aspx 来测试一下。如果能够打开，那么恭喜你，你的 ASP. NET 的设置成功了。

关于 Web 应用程序：一般 VS. NET 创建的 Web 程序都是代码后置的方式，也就是说 *. aspx 和 *. aspx. cs 分开的。在 *. aspx 文件中，指明代码文件所在的地址和继承的 class。

```
<%@ Page language="c#" Codebehind="WebForm1. aspx. cs" Inherits="WebGame1. WebForm1"%>
```

这里的 Codebehind 就是我们的 *. aspx. cs 代码文件所在的地方，Inherits 就是指明的 Web 窗体的 class 名字。

注意：

VS. NET 编译好代码后，会在工程目录上生成一个 bin 目录，里面保存一 WebGame1. dll 文件。上传服务器的时候，需要把这个 bin 目录(包括里面的 dll 文件)上传到虚拟目录的根目录下，如前面创建的 D:\WebGame1 这个虚拟目录，上传后就是 D:\WebGame1\bin。某个. aspx 目录中的 Inherits="WebGame1. WebForm1"就是指明这个的. aspx 的 Web 窗体的代码是在虚拟目录\bin 里面的 WebGame1. dll 文件中的 WebForm1 的 Web class。

一般最好是把 cs 代码编译好，变成. dll 文件后再上传到服务器的虚拟目录。那么只要把 Codebehind 这一项去掉就可以了。但是 Inherits 就必须指明好 Web 窗体的 class。

6. ASP. NET Web 应用程序的布局

ASP. NET 应用程序被定义为可从 Web 服务器上的虚拟目录及其子目录中调用的所有文件和可执行码。其中可以包含网页(. html 文件)、Web 表单页面(. aspx 文件)、Web 表单用户控件(. ascx 文件)、XML Web 服务(. asmx 文件)、HTTP 处理程序、HTTP模块和其他文件(如图像和配置文件)。现在使用的所有与 Microsoft . NET Framework 版本相关的脚本映射也都是 ASP. NET 应用程序的一部分。ASP. NET 应用程序必须位于 IIS 虚拟目录(也称为应用程序根目录)中。ASP. NET 应用程序可包含已编译的程序集(通常是包含业务逻辑的 DLL 文件)、用于存储预编译代码的已知目录(目录名总是 bin)、存储在基于文本的、易读的 Web. config 文件中的配置设置、页、服务器控件，以及 XML Web 服务。

服务器中任何不与其他应用程序共享的预编译代码必须存储在应用程序的 bin 目录中。它是应用程序的本地程序集缓存。Web. config 文件在基于 XML 的文本文件中存储应用程序级的配置文件。这意味着可以使用任意标准的文本编辑器或 XML 分析器来创建它们，而且它们是可读的。如果不在应用程序根目录中包含 Web. config 文件，则配置设置是由 Machine. config 文件中整个服务器的配置文件来确定。安装. NET Framework

时,会安装 Machine. config 文件的某个版本。

如图 4-10 所示,显示了 ASP. NET 应用程序布局的示例。

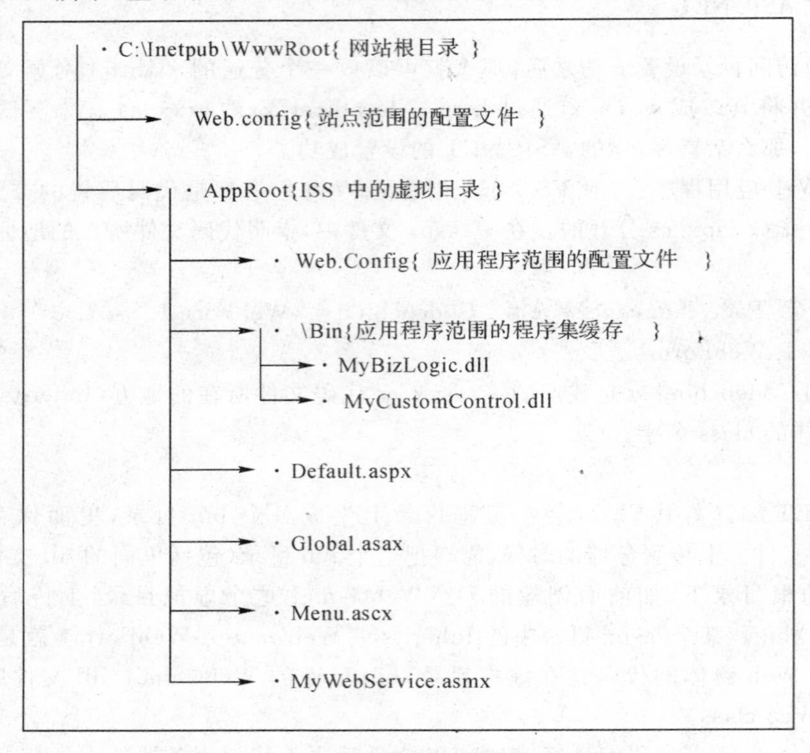

图 4-10　ASP. NET 应用程序布局

图中的应用程序包括 bin 目录中的两个 DLL 文件、一个 Default. aspx 页,一个名为 Menu. ascx 的用户控件、一个名为 MyWebService. asmx 的 XML Web 服务以及一个 Global. asax 文件。另外,该应用程序是使用下列三个配置文件配置的:系统根目录中计算机级别的 Machine. config 文件、C:\Inetpub\wwwroot 目录中站点级别的 Web. config 文件和应用程序根目录中应用程序级别的 Web. config 文件。当站点的 Web. config 文件覆盖 Machine. config 文件中的设置时,在应用程序根目录中存储的配置设置将覆盖站点的 Web. config 文件和 Machine. config 文件中的设置。

4.2.2　基于 ASP. NET 技术的企业网站用户管理系统

1. 数据库的设计

本系统仍以 SQL Server 数据库为例,与前一节相同,在服务器安装好 SQL Server 数据库后,进入 SQL Server 服务器中的 SQL Server Management Studio,内建一个名为 YHGL 的数据库,在该库中再建一张数据表,命名为 users,表结构如表 4-2 所示。

表 4-2　用户信息表(users)

字段名称	数据类型	长度	描述
UserID	CHAR	10	用户编号,主键
UserName	VCHAR	50	用户名
UserPassword	CHAR	10	用户密码
UserType	INT	4	用户类型

2. 建立 ODBC 数据源

本程序的数据库连接,采用的是 ODBC 连接方式:

(1) 选择"开始"→"设置"→"控制面板"→"管理工具"→"数据源",进入 ODBC 数据源管理器。

(2) 在"系统 DSN"选项卡中单击"添加",在弹出的"创建数据源"窗口选择"SQL Server"驱动程序,再单击"完成",如图 4-11 所示。

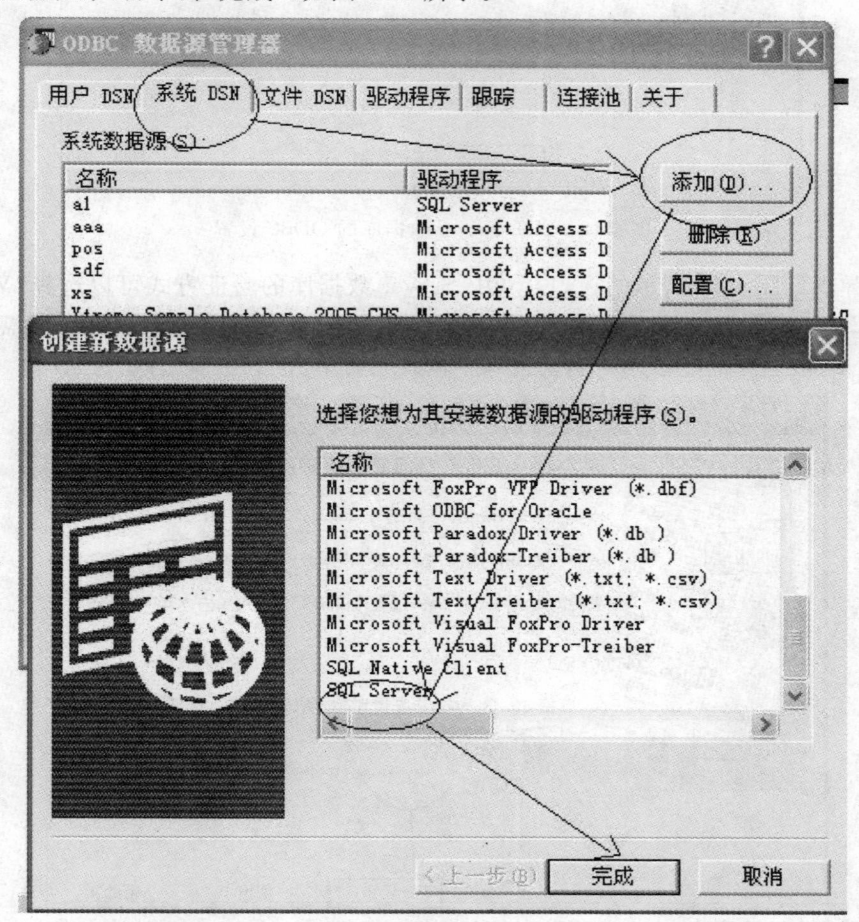

图 4-11　SQL Server 数据库的 ODBC 设置

(3) 弹出“创建到 SQL Server 的新数据源”窗口,如图 4-12 所示,在“名称”处输入自己拟定的数据源名字(注意以后程序中将按此名字来寻找),这里定为 YHGL;“描述”可以忽略;在“服务器”处输入“WWW－4553D2E35B”(如果数据库在网络服务器上,需在“服务器”中输入网络服务器的 IP 地址,如果数据库在本地机,则需输入本地计算机名,这里是本地计算机)。输入完毕后单击“下一步”。

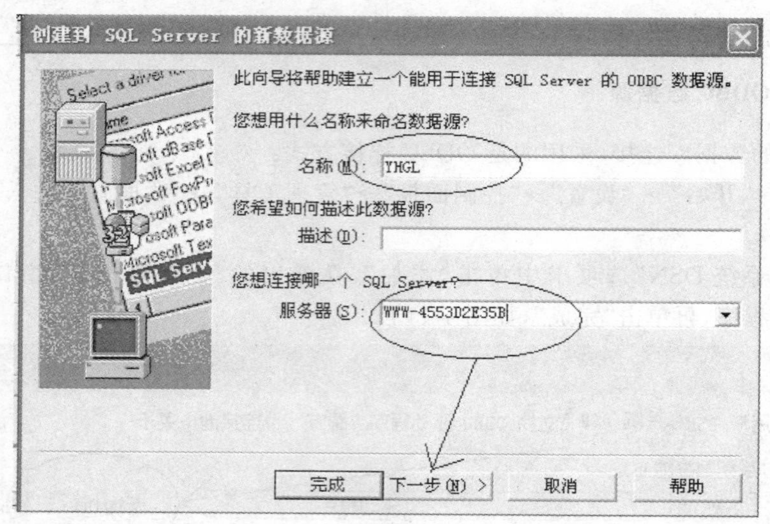

图 4-12 SQL Server 数据库的 ODBC 设置

(4)弹出如图 4-13 所示的窗口,SQL Server 数据库的验证方式可以选择“Windows NT 验证”或“SQL Server 验证”。如果选用 SQL Server 验证方式,则在下边需要输入 SQL Server 数据库的登录用户名及密码。输入完后单击“下一步”。

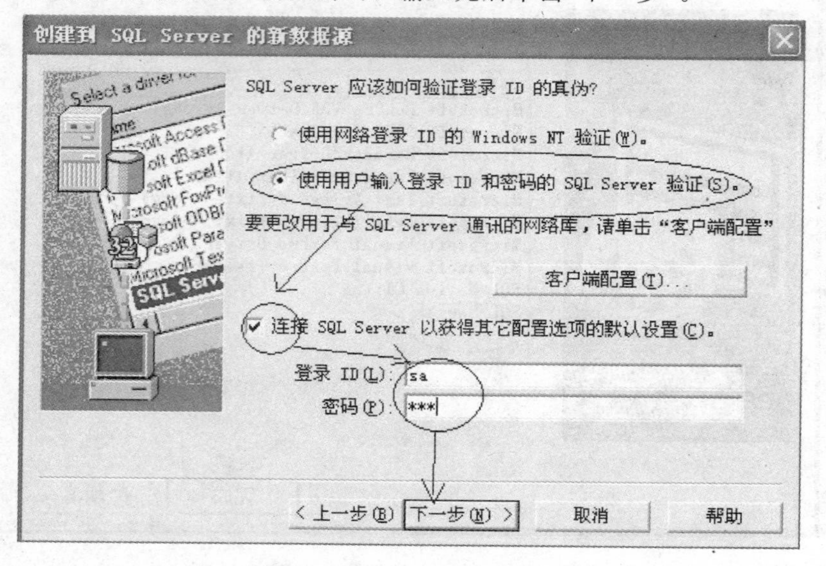

图 4-13 SQL Server 数据库的 ODBC 设置

(5)弹出如图 4-14 所示的窗口,直接取默认值,单击“下一步”。

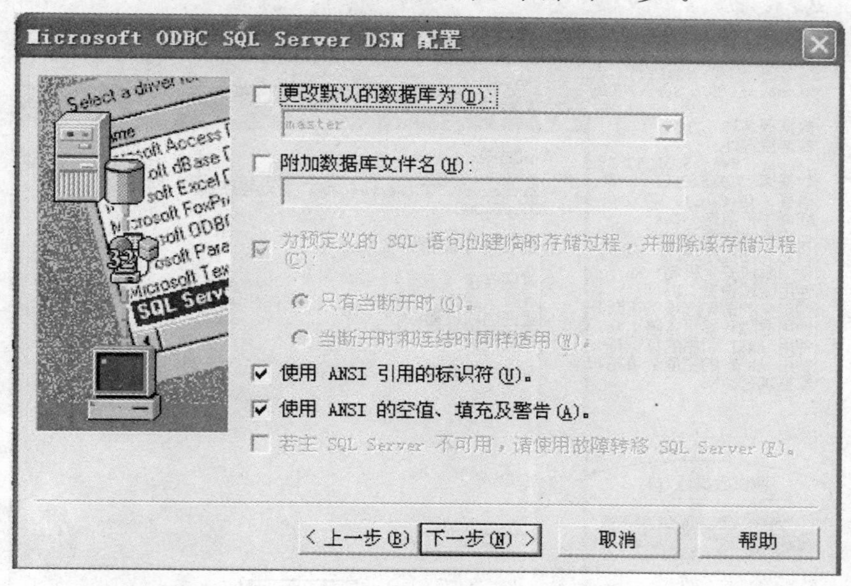

图 4-14　SQL Server 数据库的 ODBC 设置

(6)弹出如图 4-15 所示的窗口,仍然采用默认值,单击“完成”。

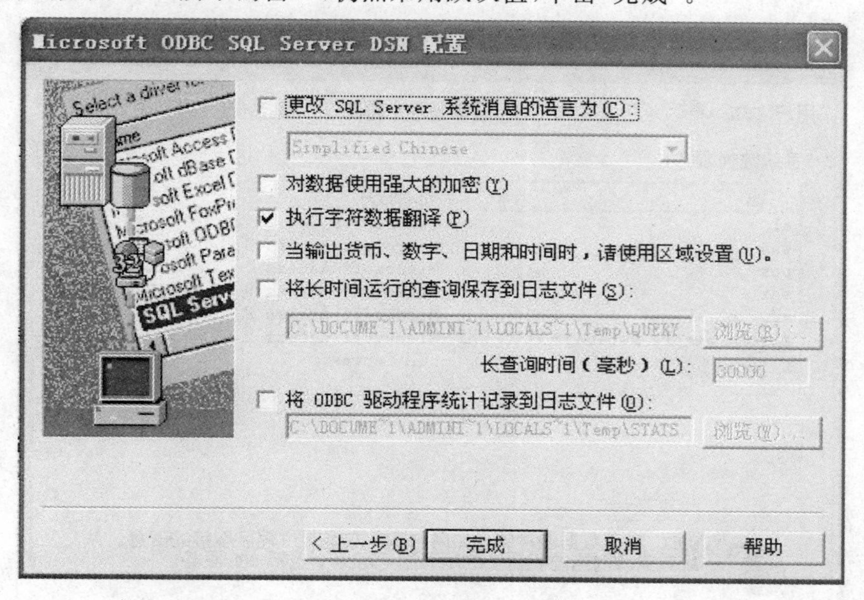

图 4-15　SQL Server 数据库的 ODBC 设置

(7)弹出如图 4-16 所示的连接测试窗口,单击“测试数据源”,如果出现“测试成功”提示,说明你的数据库已经连接成功,否则还需要重要进行设置。

(8)配置完成后,将会在 ODBC 数据源的“系统”界面里出现创建的 YHGL 数据源名称,如图 4-17 所示,单击“确定”即可完成 ODBC 数据源的连接。

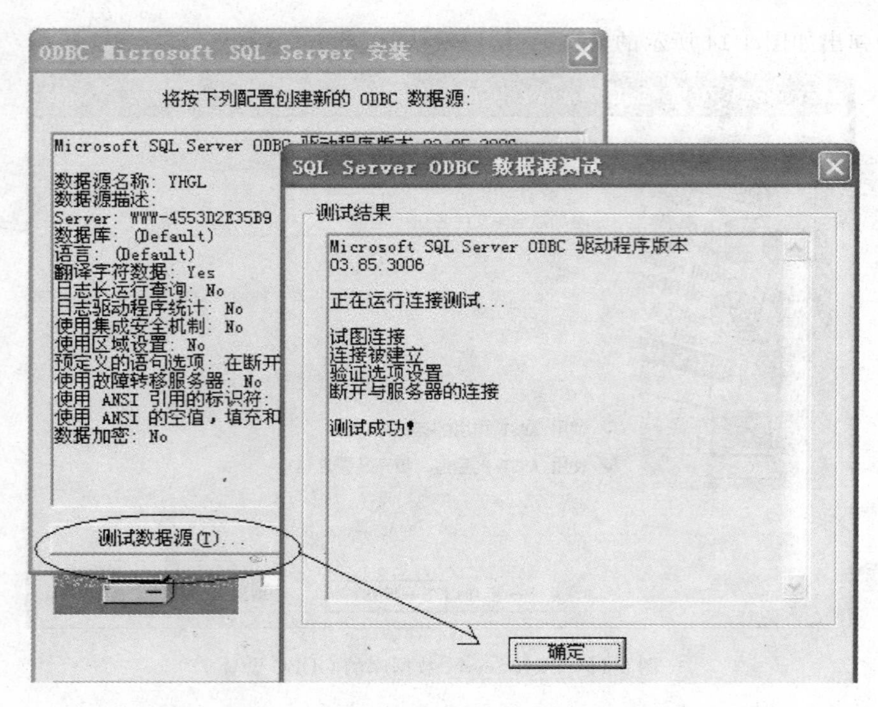

图 4-16 SQL Server 数据库的 ODBC 设置

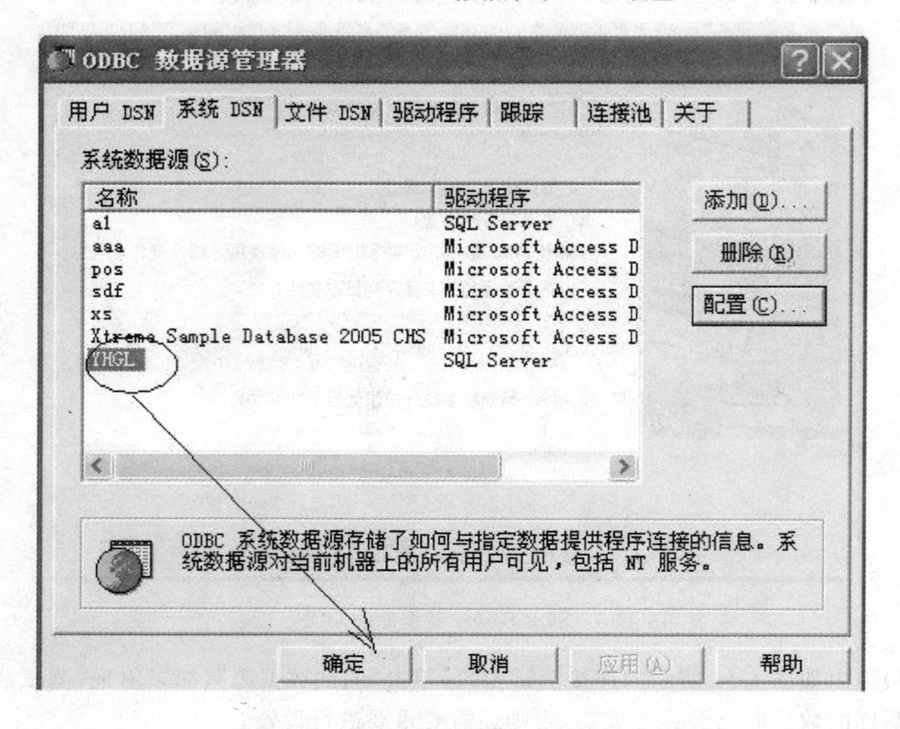

图 4-17 SQL Server 数据库的 ODBC 设置

3. Microsoft Visual Studio 编程工具

(1)Microsoft Visual Studio 编程工具简介

Microsoft Visual Studio 是一套完整的开发工具,用于生成 ASP. NET Web 应用程序、XML Web services、桌面应用程序和移动应用程序。Visual Basic、Visual C# 和 Visual C++都可以使用 Visual Studio 进行工具程序编辑,并能够轻松地通过 Visual Studio 创建混合语言解决方案。另外,这些语言使用 .NET Framework 的功能,它提供了可简化 ASP Web 应用程序和 XML Web services 开发的关键技术。

Visual Studio 2005 是微软 2005 年发布的,它能开发跨平台的应用程序,如开发使用微软操作系统的手机的程序等。总体来说是一个非常庞大的软件,甚至包含代码测试功能。使用 Visual Studio 2005,专业开发人员可以应用改进后的可视化设计工具、编程语言和代码编辑器,享受高效率的开发环境,在统一的开发环境中,开发并调试多层次的服务器应用程序,使用集成的可视化数据库设计和报告工具,创建 SQL Server 2005 解决方案。

Visual Studio 2005 可以根据开发人员个人的需要调整软件开发体验,设置新的开发人员工作效率标准。这一"个性化工作效率"将在开发环境和 .NET Framework 类库中提供相应的功能,以帮助开发人员在最少的时间内克服其最为紧迫的困难。此外,Visual Studio 2005 使开发人员能够通过与 Microsoft Office System 和 SQL Server 2005 的更好集成,在更广泛的应用程序开发方案中应用现有的技能。同时它提供了一组新的工具和功能,以满足目前大规模企业的应用程序开发需要。

(2)Visual Studio 2005 简介

Visual Studio 2005 在安装完成后,可以通过"开始"→"程序"→"Microsoft Visual Studio 2005"→"Microsoft Visual Studio"进入,如图 4-18 所示,单击"文件"→"新建"→"网站"→ "ASP. NET 网站"→"确定",进行 ASP. NET 程序的编辑。

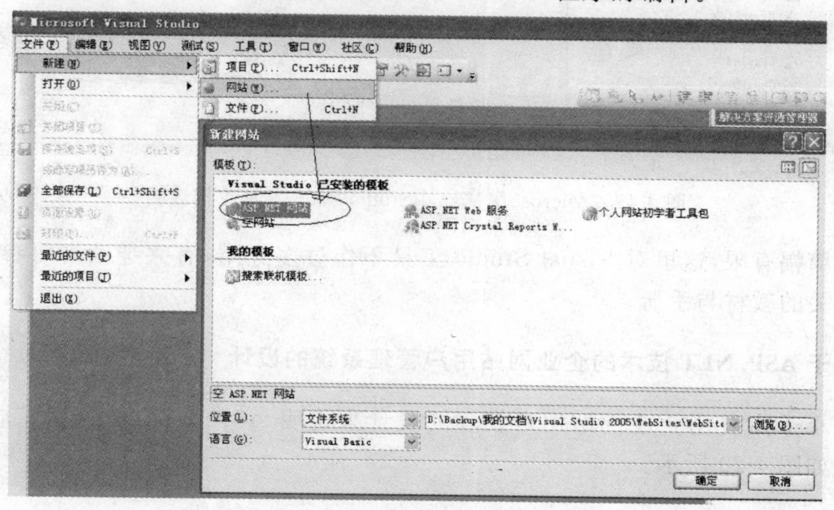

图 4-18　Microsoft Visual Studio 2005 工具使用

如图 4-19 所示，Visual Studio 2005 的编辑界面主要分为以下几个工作区：

(1) 程序编辑区。主要是用于程序编辑，其中单击“设计”按钮可以进行界面设计，单击“源”可以进行代码设计。

(2) 文件区编辑区。列出网站的所有相关文件，其中新建一个网站时，系统默认产生一个 Default. aspx 的界面文件以及代码文件 Default. aspx. cs，ASP. NET 编程将界面文件与代码文件分离，即. aspx 文件为界面文件，. aspx. cs 为代码文件，这样操作可以使编辑与写代码互不干扰，执行时二者又融为一体，这就是 ASP. NET 优于 ASP 的优势。

(3) 工具区。界面设计时用到的各种设计界面工具。

(4) 属性区。可进行各工具的属性设置。

图 4-19 Microsoft Visual Studio 2005 工具工作区图

由于篇幅有限，这里对 Visual Studio 工具不作过多介绍，有兴趣读者可参考 Visual Studio 相关的教材与手册。

4. 基于 ASP. NET 技术的企业网站用户管理系统的设计

这一小节主要用企业网站用户管理的设计来说明 ASP. NET 的数据库应用方法。网站功能如图 4-20 所示。

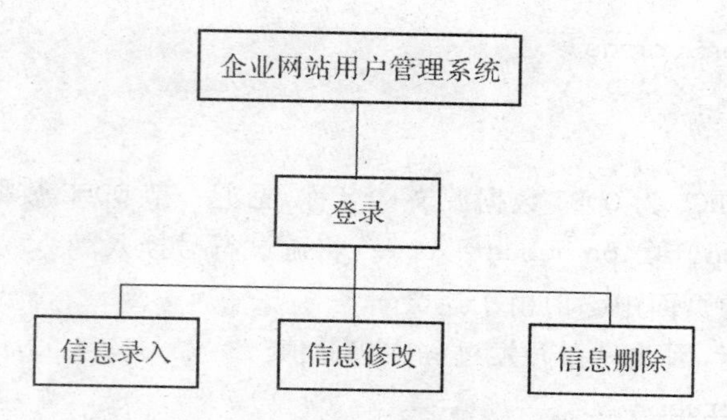

图 4-20　企业网站用户管理系统功能

网站功能主要包括登录，信息录入，信息修改和信息删除几个部分。其配置文件如图 4-21 所示，其中 Login. aspx 文件为登录文件，users. aspx 为用户管理文件，adduser. aspx 为用户增加文件，Web. config 为系统配置文件。下边针对每个文件功能进行一一介绍。

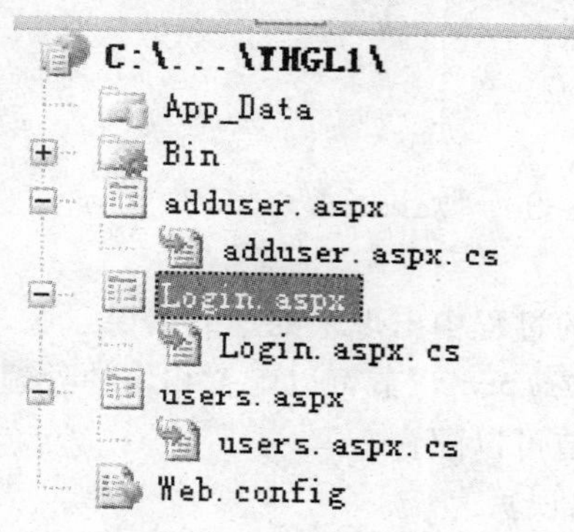

图 4-21　系统文件结构

(1) Web. config 文件

本系统的数据库连接是通过 Web. config 配置文件来实现的，代码如下所示。其中斜体部分是数据连接字符串部分，其他为程序配置文件中自动生成的。

```
<? xml version = "1.0" encoding = "utf - 8"? >
<! - -
注意：除了手动编辑此文件以外，您还可以使用 Web 管理工具来配置应用程序的设
置。可以使用 Visual Studio 中的"网站"→"Asp.Net 配置"选项。
设置和注释的完整列表在 machine.config.comments 中，该文件通常位于
\Windows\Microsoft.Net\Framework\v2.x\Config 中
- ->
<configuration>
  <appSettings/>
  <connectionStrings>
    <add name = "sqlconn" connectionString = "Data Source = localhost;Initial
    Catalog = YHGL;Integrated Security = SSPI;" providerName = "System.Data.
    SqlClient"/>
```

```
  </connectionStrings>
  <system.web>
    <! --
      这里的 YHGL 为 ODBC 数据源文件名称,见上一节 ODBC 数据源。
      设置 compilation debug="true" 将调试符号插入
      已编译的页面中。但由于这会
      影响性能,因此只在开发过程中将此值
      设置为 true。
    -->
    <compilation debug="true" />
    <! --
      通过 <authentication> 节可以配置 ASP.NET 使用的
      安全身份验证模式,
      以标识传入的用户。
    -->
    <authentication mode="Windows" />
    <! --
      如果在执行请求的过程中出现未处理的错误,
      则通过 <customErrors> 节可以配置相应的处理步骤。具体说来,
      开发人员通过该节可以配置
      要显示的 html 错误页
      以代替错误堆栈跟踪。

    <customErrors mode="RemoteOnly" defaultRedirect="GenericErrorPage.htm">
      <error statusCode="403" redirect="NoAccess.htm" />
      <error statusCode="404" redirect="FileNotFound.htm" />
   </customErrors>
    -->
  </system.web>
</configuration>
```

其中,connectionStrin g 表示链接字符串,该字符串命名为 sqlconn。字符串中 Data Source 代表数据源,本系统中使用本地数据库,所以为 localhost,这与 sqlServer 的配置有关。SSPI 代码为 Windows 集成身份认证。Initial Catalog=YHGL 表示数据库名称为 YHGL。providerName 为数据库提供者,本系统使用 System. Data. SqlClient。

(2)Login. aspx

Login. aspx 为系统登录模块,本模块使用了 TextBox 控件、Button 控件和 Label 控件,其界面如图 4-22 所示。

系统的登录页面具有自动导航功能,用户登录时,系统根据其身份的不同,将进入不

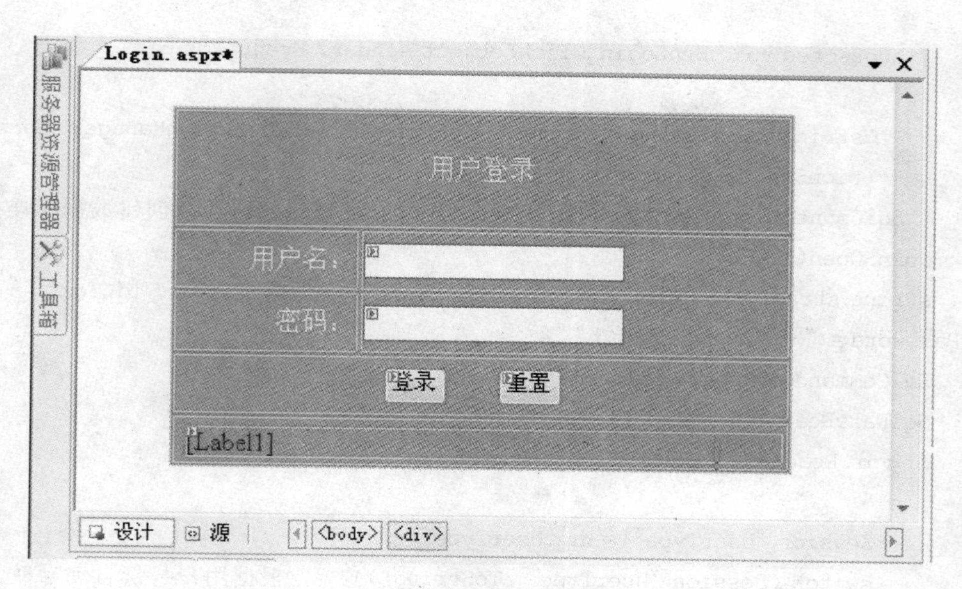

图 4-22　系统登录界面

同的系统功能页。在用户身份验证通过后，利用 Session 变量来记录用户的身份，伴随用户对系统进行操作的整个声明周期。此处列出一般企业网站需要的 4 种基本身份类型(0—管理员，1—合同部，2—销售部，3—客户部)。

其代码文件 Login.aspx.cs 如下：

```
using System;
using System.Data;
using System.Configuration;
using System.Collections;
using System.Web;
using System.Web.Security;
using System.Web.UI;
using System.Web.UI.WebControls;
using System.Web.UI.WebControls.WebParts;
using System.Web.UI.HtmlControls;
using System.Data.SqlClient;


public partial class Login : System.Web.UI.Page
{
    protected void Page_Load(object sender, EventArgs e)
    {

    }
```

```
        protected void BtnLogin_Click(object sender, EventArgs e)
        {
            string connString = Convert.ToString(ConfigurationManager.Connec-
            tionStrings["sqlconn"]);
        SqlConnection conn = new SqlConnection(connString);   //创建数据库连接
      conn.Open();
      string strsql = "select * from users where UserID = '" + tbx_id.Text + "' and
UserPassword = '" + tbx_pwd.Text + "'";
      SqlCommand cmd = new SqlCommand(strsql, conn);
      SqlDataReader dr = cmd.ExecuteReader();
      if (dr.Read())
      {
          Session["UserType"] = dr["UserType"];
          switch (Session["UserType"].ToString())    //根据用户身份自动导航
          {
              case "0":
                  Response.Redirect("users.aspx");
                  break;
              case "1":
                  Response.Redirect("contract.aspx");
                  break;
              case "2":
                  Response.Redirect("contract_stat.aspx");
                  break;
              default:
                  Response.Redirect("customers.aspx");
                  break;
          }
      }
      else
          Label1.Text = "登录失败,请检测输入!";
    }
    }
```

(3)users.aspx

该文件为用户管理主页面文件,是管理员登录后首先进入的页面,主要用于信息的浏览和更新。此页面主要使用的控件及属性设置如表 4-3 所示。

表 4-3　用户管理页面的控件

控件	ID	属性
Button	Btn_exit	Onclick="Btn_exit_Click"
Label	Label1	ForeColor="red"
GridView	GridView1	见下面的 HTML 代码
HyperLink	HyperLink1	Text="添加用户" NavigateUrl="adduser. aspx"

GridView 控件的 HTML 代码如下：

```
<asp:GridView ID = "GridView1" runat = "server" AutoGenerateColumns = "False"
OnRowDeleting = "GridView1_RowDeleting" AllowPaging = "True" AllowSorting = "
True" OnRowCancelingEdit = "GridView1_RowCancelingEdit" OnRowEditing = "Grid-
View1_RowEditing" OnRowUpdating = "GridView1_RowUpdating" DataKeyNames = "
UserID" OnPageIndexChanging = "GridView1_PageIndexChanging" PageSize = "6">
    <Columns>
        <asp:BoundField DataField = "UserID" HeaderText = "用户名">
            <HeaderStyle HorizontalAlign = "Center" Width = "130px" />
        </asp:BoundField>
        <asp:BoundField DataField = "UserPassword" HeaderText = "密码">
            <HeaderStyle HorizontalAlign = "Center" Width = "130px" />
        </asp:BoundField>
        <asp:BoundField DataField = "UserName" HeaderText = "姓名">
            <HeaderStyle HorizontalAlign = "Center" Width = "130px" />
        </asp:BoundField>
        <asp:BoundField DataField = "UserType" HeaderText = "用户类型">
            <HeaderStyle HorizontalAlign = "Center" Width = "100px" />
        </asp:BoundField>
        <asp:CommandField ShowEditButton = "True">
            <HeaderStyle HorizontalAlign = "Center" Width = "60px" />
        </asp:CommandField>
        <asp:CommandField ShowDeleteButton = "True">
            <HeaderStyle HorizontalAlign = "Center" Width = "60px" />
        </asp:CommandField>
    </Columns>
    <HeaderStyle BackColor = "WhiteSmoke" />
</asp:GridView>
```

页面设计的效果如图 4-23 所示。

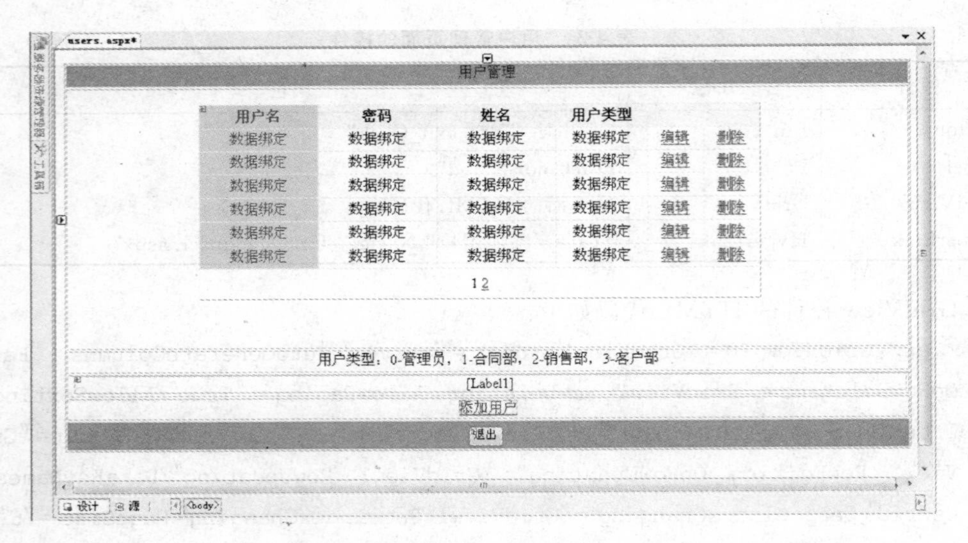

图 4-23 用户管理界面

GridView 控件的初始数据绑定在 Page_Lode()事件中，GridView 控件具有编辑和删除的功能，可以直接在控件上对数据进行操作，其后台的主要代码如下。

```
using System;
using System.Data;
using System.Configuration;
using System.Collections;
using System.Web;
using System.Web.Security;
using System.Web.UI;
using System.Web.UI.WebControls;
using System.Web.UI.WebControls.WebParts;
using System.Web.UI.HtmlControls;
using System.Data.SqlClient;

public partial class users: System.Web.UI.Page
{
   //页面初始化函数，判断登录用户是否合法（只能是系统管理员），如果合法就调用函
   //数来绑定数据。
   protected void Page_Load(object sender, EventArgs e)
   {
     try
     {
        if (Session["UserType"].ToString().Trim() != "0")
           Response.End();
```

```
    }
    catch
    {
        Response.Write("您不是合法用户,请登录后再操作,<a href = 'Login.as-
        px'>返回</a>");
            Response.End();
    }
    if (! IsPostBack)
        BindGrid();
}

// 帮助函数,绑定 GridView 上的数据。
private void BindGrid()
{
    string strconn = Convert.ToString(ConfigurationManager.ConnectionStrings
    ["sqlconn"]);
    SqlConnection conn = new SqlConnection(strconn);  //创建数据库连接
    conn.Open();
    SqlDataAdapter da = new SqlDataAdapter("select * from users",conn);
    DataSet ds = new DataSet();
    da.Fill(ds);
    GridView1.DataSource = ds;
    GridView1.DataBind();            //数据绑定
    conn.Close();
}

// "退出"按钮的单击事件处理函数,返回到 Login.aspx 页面。
protected void btn_exit_Click(object sender, EventArgs e)
{
    Response.Redirect("Login.aspx");
}

// 单击 GridView1 的"删除"按钮的事件处理程序,用于删除用户。
protected void GridView1_RowDeleting(object sender, GridViewDeleteEventArgs e)
{
    string strconn = Convert.ToString(ConfigurationManager.ConnectionStrings["sql-
    conn"]);
    SqlConnection conn = new SqlConnection(strconn);
```

```
    conn.Open();
    string strsql = "delete from users where UserID = @userid";
    SqlCommand cmd = new SqlCommand(strsql,conn);
    SqlParameter param = new SqlParameter("@userid",GridView1.Rows[e.RowIndex].
    Cells[0].Text);
    cmd.Parameters.Add(param);
    try
    {
        cmd.ExecuteNonQuery();
        Label1.Text = "删除成功";
    }
    catch (SqlException ex)
    {
        Label1.Text = "删除失败" + ex.Message;
        cmd.Connection.Close();
        BindGrid();            //调用函数重新绑定数据

    }

}

// GridView1 的"编辑"按钮的单击事件处理程序,使得当期记录可编辑。
protected void GridView1_RowEditing(object sender, GridViewEditEventArgs e)
{
    if (Session["UserType"].ToString().Trim() == "0")
    {
        GridView1.EditIndex = e.NewEditIndex;
        BindGrid();            //调用函数重新绑定数据
    }
}

// GridView1 的"取消"按钮的单击事件处理程序,用于取消当前记录的编辑。
protected void GridView1_RowCancelingEdit(object sender, GridViewCancelEditEven-
tArgs e)
{
    GridView1.EditIndex = -1;
    BindGrid();            //调用函数重新绑定数据
}
```

```
// GridView1 的"更新"按钮的单击事件处理程序,用于将当前记录的更新写入数据库。
protected void GridView1_RowUpdating(object sender, GridViewUpdateEventArgs e)
{
string strconn = Convert.ToString(ConfigurationManager.ConnectionStrings["sql-
conn"]);
SqlConnection conn = new SqlConnection(strconn);
conn.Open();
string strsql = "update  users set userid = '" + ((TextBox)GridView1.Rows[e.RowInd-
ex].Cells[0].Controls[0]).Text + "',userpassword = '" + ((TextBox)GridView1.Rows
[e.RowIndex].Cells[1].Controls[0]).Text + "' , username = '" + ((TextBox)GridView1.
Rows[e.RowIndex].Cells[2].Controls[0]).Text + "' ,usertype = '" + ((TextBox)Grid-
View1.Rows[e.RowIndex].Cells[3].Controls[0]).Text + "' where UserID = userid";
SqlCommand cmd = new SqlCommand(strsql, conn);
SqlParameter param = new SqlParameter("@userid", GridView1.Rows[e.RowIndex].
Cells[0].Text);
  cmd.Parameters.Add(param);
  try
  {
      cmd.ExecuteNonQuery();
      Label1.Text = "更新成功";
  }
  catch (SqlException ex)
  {
      Label1.Text = "更新失败" + ex.Message;
      cmd.Connection.Close();
      BindGrid();            //调用函数重新绑定数据

  }

}

// GridView1 的 PageIndexChanging 事件处理程序。
protected void GridView1_PageIndexChanging(object sender, GridViewPageEventArgs e)
{
    GridView1.PageIndex = e.NewPageIndex;
    BindGrid();            //调用函数重新绑定数据
  }
}
```

(4)adduser. aspx

adduser. aspx 为用户添加程序，该页面主要实现帮助管理员添加新的系统用户，需要添加用户名、姓名和用户类型，新添加的用户密码与用户名相同。该页面用到的控件如表 4-4 所示。

表 4-4　添加用户页面使用的控件

控件	ID	属性
TextBox	Tbx_id	默认
TextBox	Tbx_name	默认
DropDownList1	DropDownList1	见下面的 HTML 代码
Button	Button1	Text="确定"OnClick="Button1_Click"
Button	Button2	Text="取消"OnClick="Button2_Click"
Label	Label1	ForeColor="red"
HyperLink	HyperLink1	Text="返回",NavigateUrl="users. aspx"
RequiredFieldValidator	RequiredFieldValidator1	ErrorMessage="此客户不存在" ControlToValidate="dpd_custom"

DropDownList1 的 HTML 代码如下：

```
<asp:DropDownList ID = "DropDownList1" runat = "server">
    <asp:ListItem Value = "0">管理员</asp:ListItem>
    <asp:ListItem Value = "1">合同部</asp:ListItem>
    <asp:ListItem Value = "2">销售部</asp:ListItem>
    <asp:ListItem Value = "3">业务部</asp:ListItem>
</asp:DropDownList>
```

页面设计的效果如图 4-24 所示。

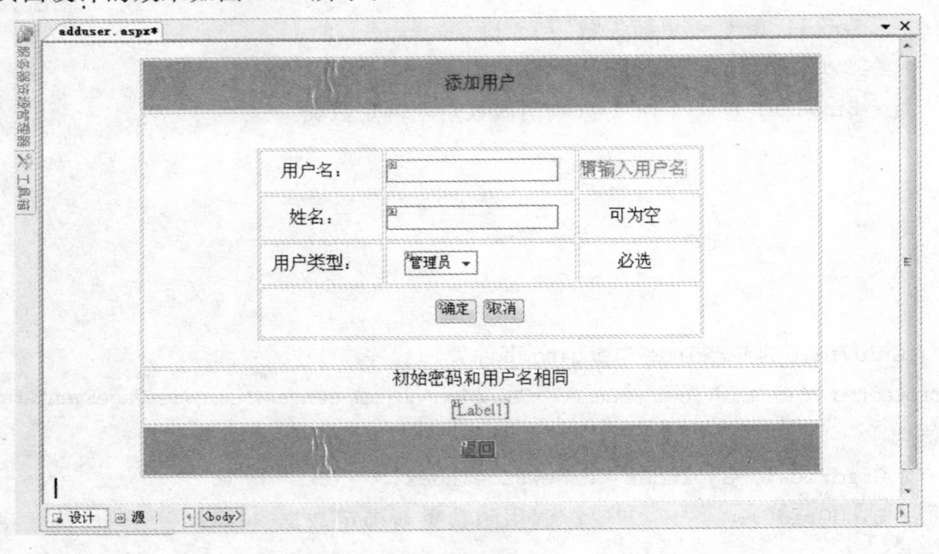

图 4-24　添加用户界面

添加用户页面后台的主要代码如下。

```
using System;
using System.Data;
using System.Configuration;
using System.Collections;
using System.Web;
using System.Web.Security;
using System.Web.UI;
using System.Web.UI.WebControls;
using System.Web.UI.WebControls.WebParts;
using System.Web.UI.HtmlControls;
using System.Data.SqlClient;

public partial class adduser : System.Web.UI.Page
{
    protected void Page_Load(object sender, EventArgs e)
    {
    }

    //"取消"按钮的单击事件处理程序。
    protected void Button2_Click(object sender, EventArgs e)
    {
      Response.Redirect("users.aspx");
    }

    //"确定"按钮的单击事件处理程序,用于添加一个用户到数据库中。
    protected void Button1_Click(object sender, EventArgs e)
    {
      SqlConnection conn=new SqlConnection();
      conn.ConnectionString=ConfigurationManager.ConnectionStrings["sql-
      conn"].ConnectionString;
        SqlCommand cmd=new SqlCommand();
        cmd.CommandText="insert into users values('"+tbx_id.Text.Trim()
        +"','"+tbx_name.Text.Trim()+"','"+tbx_id.Text.Trim()+"','"+
        DropDownList1.Text.Trim()+"')";
        cmd.Connection=conn;
        if (tbx_id.Text != "" && tbx_name.Text != "")
        {
```

```
            conn.Open();
                cmd.ExecuteNonQuery();
                    Response. Write ("<script>alert('增加记录成功!')</
                    script>");

        }
        else
        {
            Response.Write("<script>alert('带*号的信息不能为空!')</
            script>");
        }
        conn.Close();
    }
}
```

本章小结

本章主要介绍了基于 Web 架构的数据库使用方法，文中选用了两个案例即企业网站的新闻发布系统及企业网站的客户管理系统，并分别用 ASP 与 ASP.NET 开发技术来完成，选用的数据库分别是 Access 与 SQL Server。读者学完本章可以掌握两种开发企业网站的方法，同时也学会了在 Web 架构下如何进行数据库的连接以及访问操作。

附录 1

SQL 语言自主测试环境的使用方法

1. 使用说明

目前,SQL 语言的测试环境很多,比如 SQL Server、Oracle 等数据库自带的查询分析器,Access 中的查询功能,还有一些语言环境如 C++BUILDER 所带的查询分析器,均可以使用 SQL 语言进行数据库的访问,但上述这些工具都要求安装相应的环境才可以运行,特别是如果没有安装一些大型的数据库,就无法使用。本教材附带了一个由作者自主开发的 SQL 语言测试环境,考虑到各学校情况不同,我们就选用最易操作的数据库 Access 来进行 SQL 语言测试,该软件有两大功能,一方面用来检验学生建库的情况,另一方面就是进行 SQL 语言自主测试,简单易用,这是学生进行 SQL 训练的比较方便的工具,同时它也是为附录二中 SQL 语言的进阶训练提供了本地的测试环境。

2. 使用方法

(1) 数据库测试

请先按照 2.2.1 节中的表 2-2 到表 2-6 所示的结构,用 Access 数据库建一个 xskc.mdb 学生信息管理数据库,再按 2.3 节的图 2-3～图 2-7 所提示的内容输入各表的相关记录,当学生数据数据库建立完成以后,请从教学网站(http://datajx.computer.zwu.edu.cn)中“网上实验”进入学生网上实验登录窗口,并注册一下自己的账户,然后再登录。凡是使用本教材的读者,均可以申请一个登录账户,具体方法请登录上述教学网,如果该网址无法打开,请发 EMAIL 到 12345@zwu.edu.cn ,管理员会给你一个新的登录网址,登录后进入“综合服务”中的“管理软件”下载“数据库测试软件”解压后,双击执行该测试软件,自我检测一下,检测通过后,再上传提交。

①执行测试软件后如图 1 所示,先从左边的磁盘/目录下找到自己建好的数据库。

②选择了自己建立的数据库后,出现如图 2 所示的口令输入框,如果您的数据库未做加密,可以直接单击“OK”键即可。

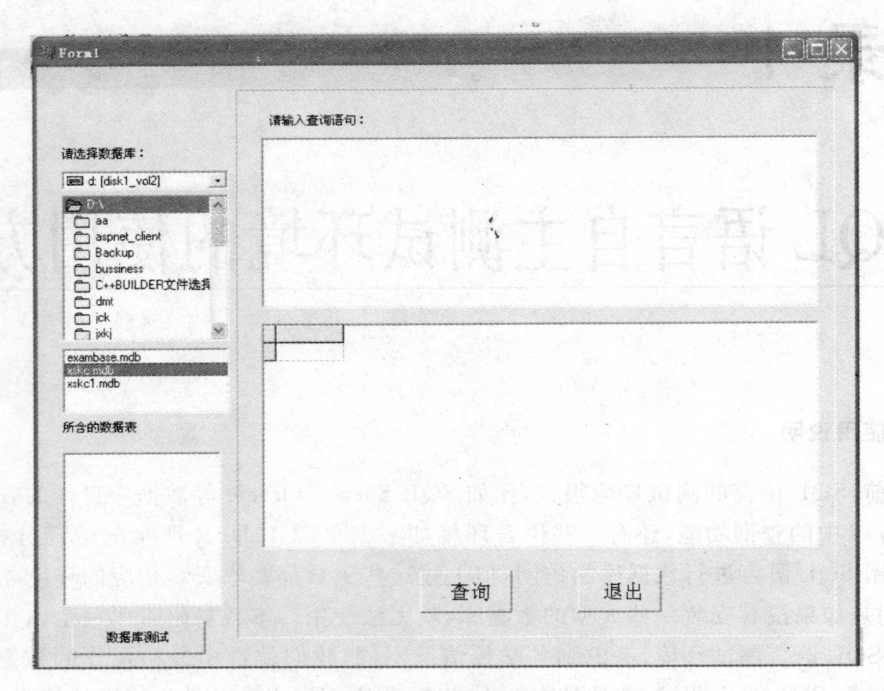

图1 数据库测试软件

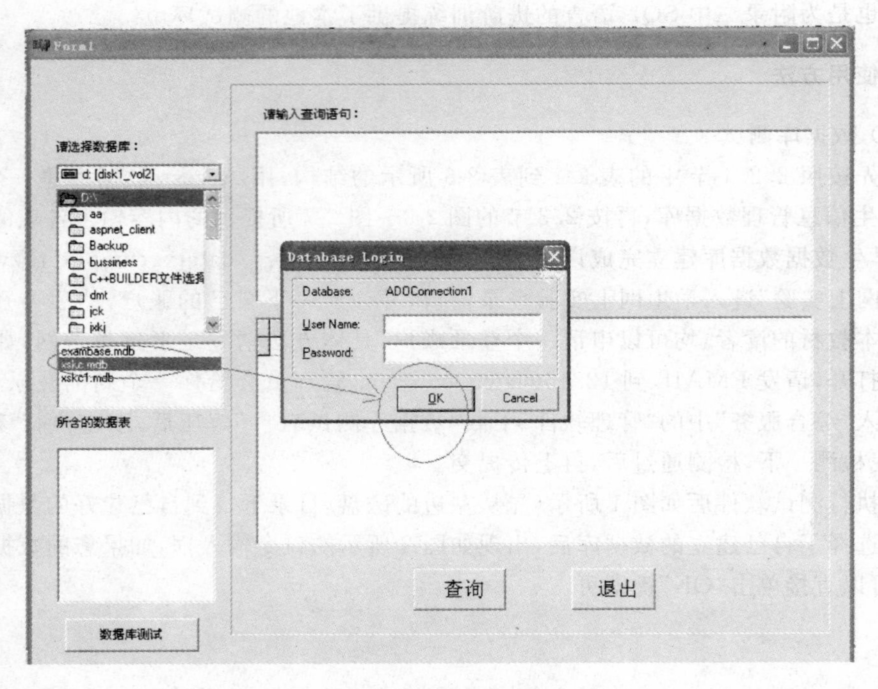

图2 选择数据库

③出现如图 3 所示，单击左边的表名，在右边可显示其包含的记录。

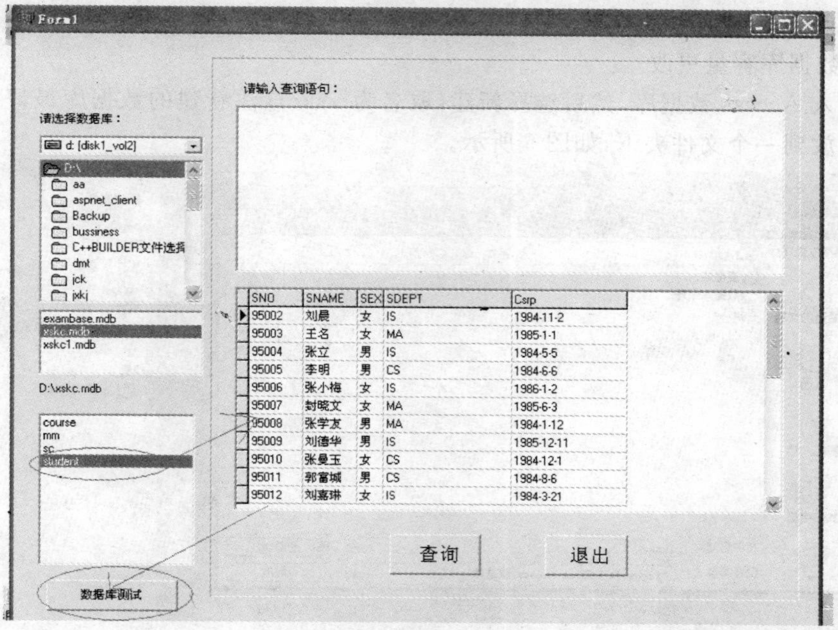

图 3　数据表界面

④单击左下角的“数据库测试”按钮，出现如图 4 所示的评测报告窗口，显示出你创建的数据库最后得分。

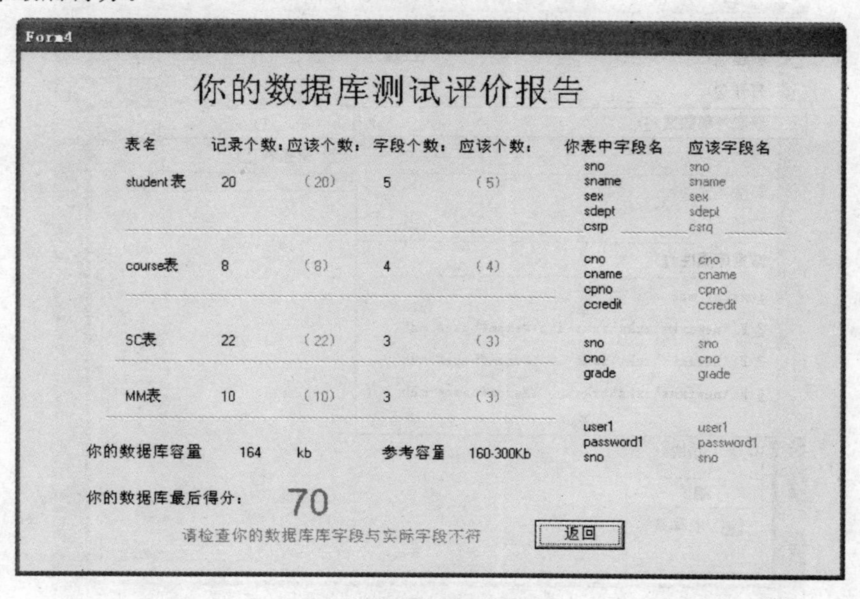

图 4　数据库测试报告

注意没有达到 90 分，请不要往网上上传（注，如果使用我们提供的教学网站中的网上实验部分，需要将自己建的数据库上传到网上）。没达到 90 分以上的同学，可能是数据库字段名字，长度与标准不符，改正后再测，如果有的同学数据库容量超过标准容量，请用下面方法修改。

(2) 数据库容量更改

①进入 Access 数据库，然后选择新建，取名为 xskc1(注新建的数据库最好同前面建的数据库放到一个文件夹下，如图 5 所示。

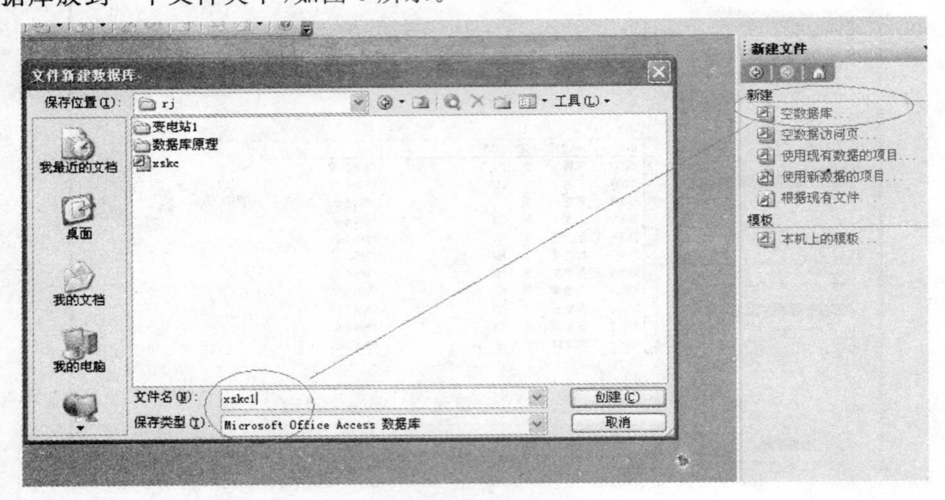

图 5 新建数据库

②在“文件”菜单中选择“获取外部数据”→“导入”，如图 6 所示。

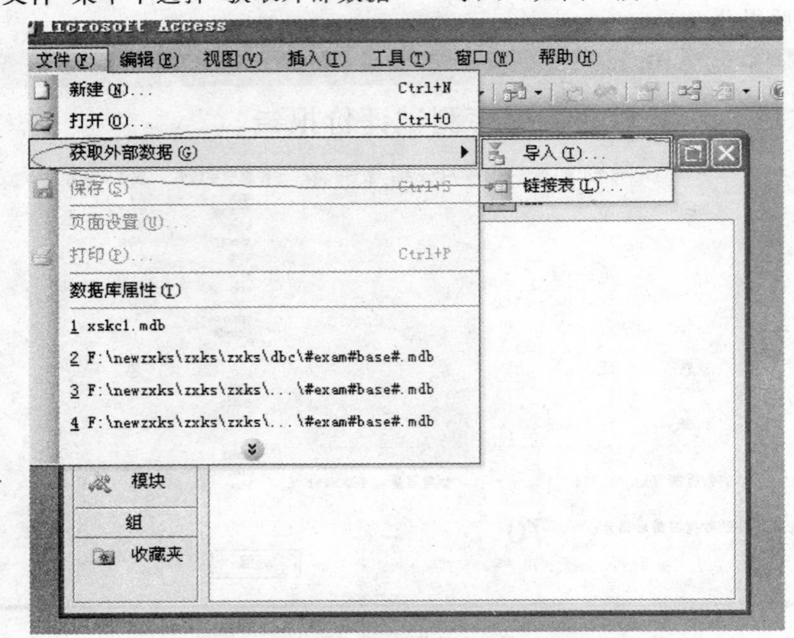

图 6 获取外部数据窗口

③选择前面已建好的那个数据库 xskc.mdb，如图 7 所示。

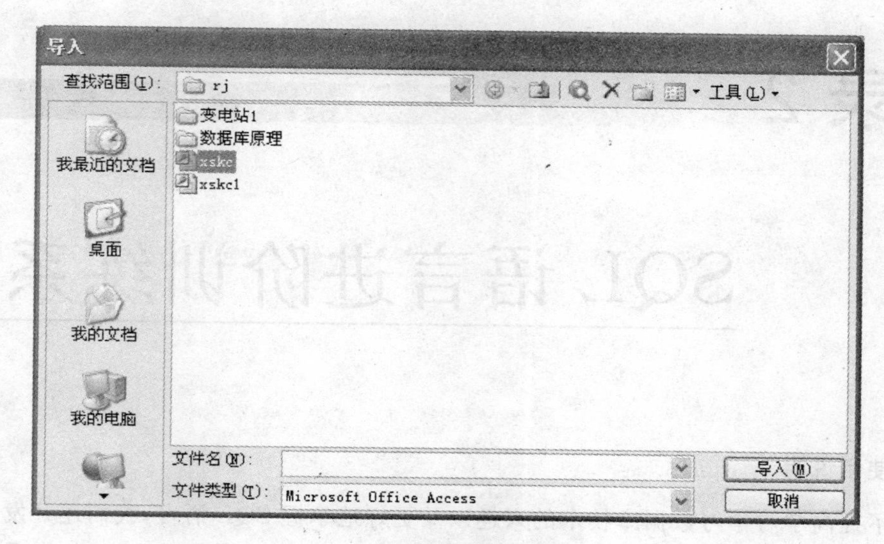

图 7　选择已建数据库窗口

④将 xskc.mdb 中的所有表都选上，如图 8 所示。

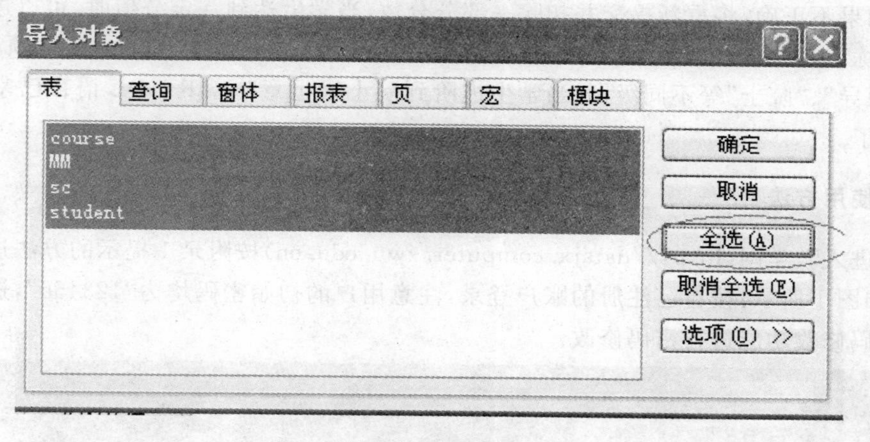

图 8　数据表选择窗口

⑤然后按“确定”即可，这样新建的数据库 xskc1.mdb 容量就很小了，再将 xskc.mdb 删除，并将 xskc1.mdb 改名为 xskc.mdb，重新测试一下，如果达到 90 分以上，上传即可。

附录 2

SQL 语言进阶训练系统

1. 使用说明

为了提高学习学习数据库技术的兴趣以及更好地掌握 SQL 语言，我们还开发了一个 SQL 语言进阶训练系统，该系统是基于 B/S 架构的，通过浏览器的方式实现，本系统共收集了有关各类 SQL 语言定义、查询、操纵的题约 500 多道，学生提交后，由系统自动给予评判，如果不正确，将重新提交并扣除一部分分数，当学生达到一定分值时，可以进阶到下一阶段练习，本系统的题目由浅入深，共分为“小学生”、“中学生”、“学士”、“硕士”、“博士”、“博导”、“院士”等不同级别，当学生进阶到院士级也意味着其 SQL 语言已掌握的比较扎实了。

2. 使用方法

请进入教学网(http://datajx.computer.zwu.edu.cn)按附录 1 提示的方法进入网上实验，如图 1 所示：按自己注册的账户登录，注意用户的初始密码均为“123456”，进入后可通过密码修改功能进行密码修改。

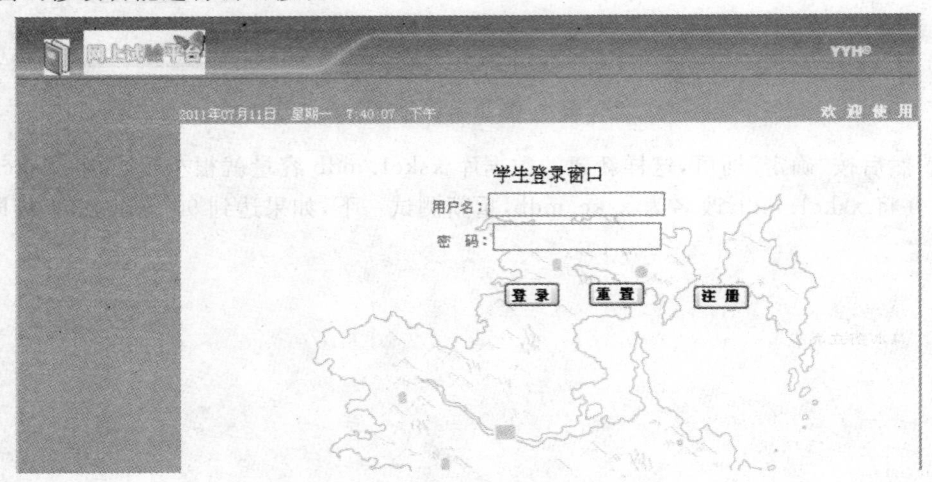

图 1 SQL 进阶训练系统登录窗口

(1)首先上传数据库，即将附录 1 中创建好的数据库 xskc.mdb 上传到网上，(注：这是因为在上机题中，有些命令是数据操纵的命令，如增加、修改、删除这样需要每人用自己的数据库进行操作)，上传的数据库必须通过附录 1 中的“数据库测试软件”测试，并且得分在 90 以上的方可上传，如图 2 所示。

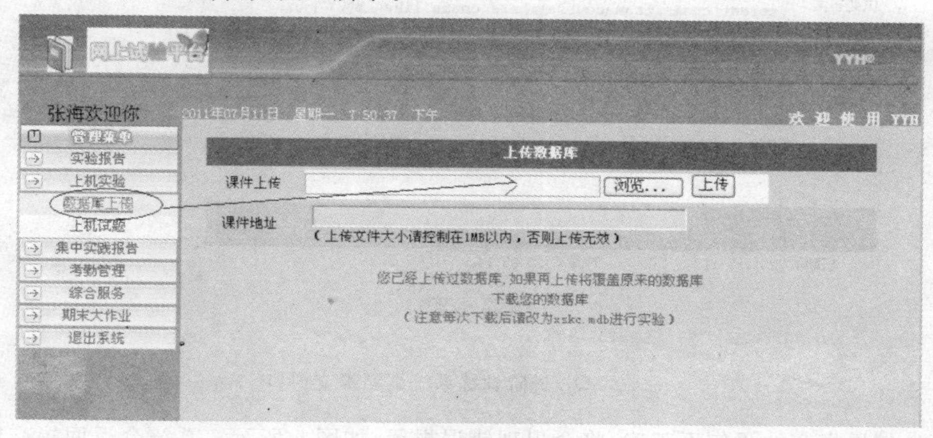

图 2 数据库上传窗口

(2)上传成功会提示 SUCCESS，至此你就可以进行上机训练了。单击“上机试题”，如图 3 所示。

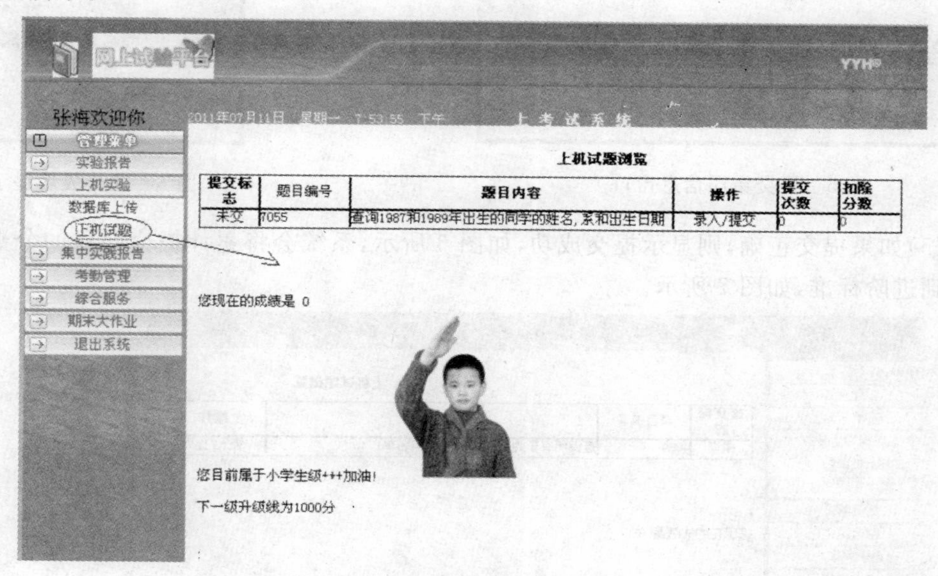

图 3 SQL 进阶训练上机试题窗口

(3)由图 3 可以看出，刚刚进行训练的同学，所处的级别为小学生级别，如果要达到中学生级别，至少要获取 1000 分，每道题得分为 100 分，但如果提交错误一次将会被扣掉 5 分，直至扣到 60 分为止。看到题目后，你应该先在附录 1 中提到的数据库测试软件中进行实验，得到正确的结果后再来此处提交，如果你想提交，请单击“录入/提交”按钮，则出现如图 4 所示的提交窗口。

5334：查询课程名中包含有数的所有课程名。

试题答案：select cname from course where cname like '%数%'

日期：2011-7-11　　时间：20:05:14

提交　重置

图 4　SQL 进阶训练系统试题提交窗口

(4)如果提交的语句不正确，将会出现错误提示，如图 5 所示。系统会返回提交窗口，让你重新提交，并且自动扣除该题 5 分成绩。

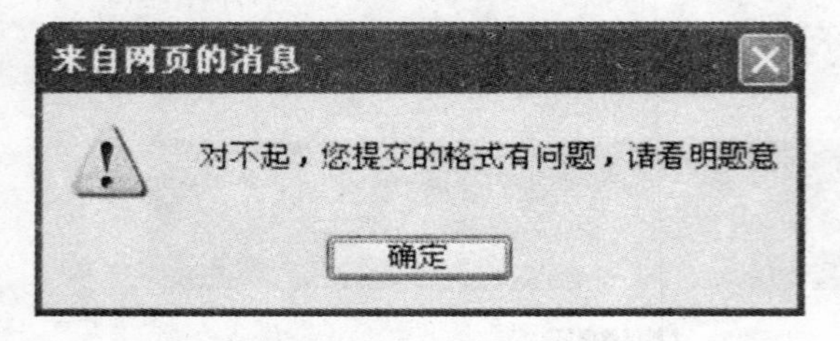

图 5　提交错误信息窗口

图 6　提交成功提示

(5)如果提交正确，则显示提交成功，如图 6 所示，系统会将累计提交题目的分数，直到达到进阶标准，如图 7 所示。

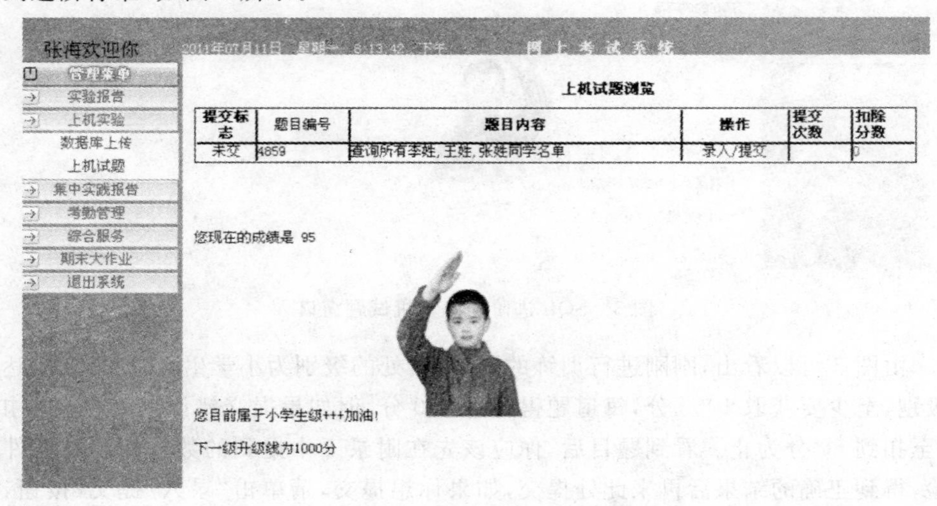

图 7　提交成功后，分数显示

本系统还有其他的一些功能，如实验报告，考勤，综合服务，大作业等功能，以及教师管理功能，包括成绩统计、分班、分组、在线监控、实验报告、讨论报告评判等多种功能，这些功能是为任课老师上机任务安排及管理之用，限于篇幅有限，这里不一一介绍，有需要的任课教师，请 EMAIL 联系我们。

参考文献

[1] 杨爱民,王涛伟,王丽霞.数据库技术及应用.北京:清华大学出版社,2011.

[2] 张文祥,杨爱民.数据库原理及应用.北京:中国铁道出版社,2006.

[3] 董健全,丁宝康.数据库实用教程.北京:清华大学出版社,2007.

[4] 张蒲生.数据库应用技术 SQL Server 2005 基础篇.北京:机械工业出版社,2007.

[5] 周屹.数据库原理及开发应用.北京:清华大学出版社,2007.

[6] 林成春,孟湘来,马朝东.SQL Server 2000 数据库实用技术.北京:中国铁道出版社,2006.

[7] 杨昭.数据库技术课程设计案例精编.北京:中国水利水电出版社,2005.

[8] Raymond Frost,John Day,Craig Van Slyke.数据库设计与开发.北京:清华大学出版社,2007.

[9] 陈根才,孙建伶,林怀忠,周波.数据库课程设计.杭州:浙江大学出版社,2007.

[10] 钱雪忠,罗海驰,陈国俊.数据库原理及技术课程设计.北京:清华大学出版社,2009.

[11] 李合龙,董守玲,谢乐军.数据库理论与应用.北京:清华大学出版社,2008.